高等职业教育电子与信息类专业新形态教材

模拟电路分析与应用

主　编　王文魁　岳　威

参　编　马薪显　李旭鑫

　　　　史东飞　韩松楠

主　审　唐　静

U0234157

北京理工大学出版社

BEIJING INSTITUTE OF TECHNOLOGY PRESS

内 容 提 要

本书根据学习者学习规律，将知识进行碎片化处理，再与实际应用产品电路结合形成完整电路，分单元对基础、应用、实践、提高进行介绍，完成认知、测试分析、拓展、设计等能力的培养。本书具有专业的综合性、知识的系统性、应用的实用性、内容的时代性特点。本书本着易学、够用、实用的原则编写，突出职业教育的特点，在内容安排上和教学活动中立足学生的素质特点，设计教学环节，内容充分，案例来源于实际。

本书可以作为高等院校电子信息类、电气类等相关专业的教材，也可供企业技术人员培训和自学使用。

图书在版编目（CIP）数据

模拟电路分析与应用 / 王文魁，岳威主编.--北京：
北京理工大学出版社，2024.5（2024.6重印）
ISBN 978-7-5763-3042-7

Ⅰ.①模… Ⅱ.①王… ②岳… Ⅲ.①模拟电路－电
路分析 Ⅳ.①TN710

中国国家版本馆CIP数据核字（2023）第208095号

责任编辑：阎少华　　　　**文案编辑：**阎少华
责任校对：周瑞红　　　　**责任印制：**王美丽

出版发行 / 北京理工大学出版社有限责任公司
社　　址 / 北京市丰台区四合庄路6号
邮　　编 / 100070
电　　话 / （010）68914026（教材售后服务热线）
　　　　　　（010）68944437（课件资源服务热线）
网　　址 / http：//www.bitpress.com.cn

版 印 次 / 2024 年 6 月第 1 版第 2 次印刷
印　　刷 / 河北鑫彩博图印刷有限公司
开　　本 / 787 mm×1092 mm　1/16
印　　张 / 14.5
字　　数 / 360 千字
定　　价 / 45.00 元

FOREWORD 前言

本书是在辽宁建筑职业学院课程教学团队多年教学经验积累基础上，校企协同开发，形成的满足电气自动化技术、应用电子技术等高职专业学习需求和企业员工模拟电子技术培训需求的新形态教材。

本书紧紧围绕高职教育的特点，采用知识碎片化处理，再将碎片化处理的知识与实际产品进行融合。积极推行"三教"改革探索，项目设置充分考虑到知识掌握规律，内容涵盖专业学习"必需""必会"技术，引入多项企业产品技术和工艺，每个项目由多个单元组成，内容编写遵循知识储备—知识实践—知识拓展—知识提高的规律，循序渐进，由浅入深，符合学习规律，自制大量课程资源，注重吸纳优秀的网络资源，逐步形成丰富的课程资源体系。本书语言通俗易懂、层次清晰严谨，内容丰富实用、图文并茂，特别是一些实际应用与教学经验的融入，使本书更具特色。

根据高职教育培养的是面向生产第一线的高级应用型人才的要求，本书在力求保证基础、掌握基本技能的基础上，注重培养学生对实际电路的分析、调试、设计能力。在教学过程中建议：（1）采用项目教学，以工作任务为出发点，激发学生的学习兴趣；（2）采用理论实践一体化教学模式，在做中学，在学中做；（3）以小组学习为主，培养学生团队合作精神；（4）以学生学习为主，教师指导为辅，培养学生独立学习的能力；（5）教学评价采取项目模块评价，理论与实践相结合，作品与知识相结合。

本书由辽宁建筑职业学院王文魁、岳威担任主编，王文魁编写项目三、附录一至附录八；岳威编写项目一、项目二、项目四；马薪显编写项目五；李旭鑫编写项目六。史东飞（营口天成消防设备有限公司）完成电子产品工艺部分审核优化；韩松楠（辽宁天河安全科技有限公司）审校各项目中知识提高的内容；唐静教授（辽宁建筑职业学院）主审全书。

本书在编写过程中，得到了营口天成消防设备有限公司和辽宁天河安全科技有限公司的大力支持和帮助，为编写提供了大量的应用案例和相关的技术文件、工艺文件，向两家单位为职业教育做出的贡献表示衷心的感谢！特别感谢营口天成消防设备有限公司董事长金世明先生对本书编写的鼎力支持！

由于本书改革力度大，编者水平有限，加之时间仓促，书中难免存在差错和疏漏，我们热切期望使用本书的广大老师和学生对书中存在的问题提出批评和建议。

编　者

CONTENTS 目录

CONTENTS

项目一　行业应用技术及发展

>> 学习目标

1. 知识目标

(1)了解电子技术的发展史、构成与特点；

(2)了解电子技术发展方向及发展趋势；

(3)掌握"模拟电路的分析与应用"课程的总体知识体系。

2. 能力目标

(1)通过电子技术构成与特点的学习，能够发现电子技术在日常生活中的应用；

(2)通过对"模拟电路的分析与应用"课程知识体系的学习，能够总结出适合自身的自主学习方法。

3. 素养目标

(1)培养严谨的工作态度；

(2)培养课程学习兴趣和自学能力。

项目导学

人类历经以火、陶瓷及金属农具生产为代表的年代，也走过以英国瓦特蒸汽机发明为代表的产业革命、以德国李比希为代表的化工技术革命、以美国爱迪生发明为代表的电力革命，如今跨入了以高新科技综合创新为代表的信息革命时代。

正是电子技术的出现和应用，使人类进入了高新技术时代。电子技术诞生的历史虽短，但深入的领域是最广、最深的，而且成为人类探索宇宙宏观世界和微观世界的物质技术基础。随着新型电子材料的发现，电子器件发生了深刻变革。

21世纪，人类进入信息时代，信息社会中信息的生产、存储、传输和处理等过程一般由电子电路来完成，因此电子技术在国民经济各方面起到至关重要的作用。尤其是近年来，随着计算机技术、通信技术和微电子技术等高新科技的迅猛发展，生产实践和科学技术领域都存在着大量与电子技术有关的问题，目前，电子技术的应用极其广泛，涉及计算机产业、通信、科学技术、工农业生产、医疗卫生等各个领域，如电视信号传播、无线电通信、光纤通信、军事雷达、医疗 X 射线透视等，所有这些方面均与电子科学和技术学科息息相关、密不可分。

本项目主要包括知识储备和知识拓展两部分，具体框架如下：

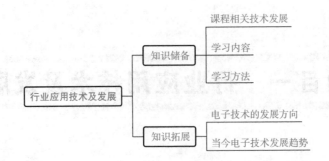

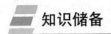 **知识储备**

单元一　课程相关技术发展

一、电子技术发展史概述

电子技术是 19 世纪末 20 世纪初发展起来的新兴技术。由于物理学的重大突破，电子技术在 20 世纪发展最为迅速、应用最为广泛，成为近代科学技术发展的一个重要标志。

从 20 世纪 60 年代开始，电子器件出现了飞速的发展，而且随着微电子和半导体制造工艺的进步，集成度不断提高。CPLD/FPGA、ARM、DSP、A/D、D/A、RAM 和 ROM 等器件之间的物理和功能界限正日趋模糊，嵌入式系统和片上系统(SOC)得以实现。以大规模可编程集成电路为物质基础的 EDA 技术打破了软硬件之间的设计界限，使硬件系统软件化。这已成为现代电子设计的发展趋势。

电子技术的发展，不仅体现在电子器件和电子产品的进步上，在电子产品的开发和加工工艺上，也取得了革命性的变化。

1947 年 12 月，美国贝尔实验室的 Shockley、Bardeen 和 Brattain 等发明了晶体管。晶体管相较于真空管具有显著的优越性能，因此晶体管促进并带来了"固态革命"，进而推动了全球范围内的半导体电子工业。现代电子技术的发展，由此拉开了序幕。

对于由晶体管构成的分立元件电路，过去的设计者更多地将注意力集中在晶体管内的电流及引脚间的电压的计算上。随着集成电路的发明和大规模集成电路生产的关键技术问题的解决，设计者开始腾出更多的精力进行上层的逻辑设计，从而使较复杂的电路的发明成为可能。

大规模集成电路和超大规模集成电路的出现，为微型计算机的诞生创造了条件。微型计算机的应用使得电子技术开发方式发生了根本性变化。

近 50 年来，微电子技术和其他高科技技术的飞速发展，致使工业、农业、科技和国防等领域发生了令人瞩目的变革。

与此同时，电子技术也改变着人们的日常生活。收音机、电视机、高保真度音响、DVD 播放机、通信设备(程控电话机、移动通信机)、个人计算机等大量的电子产品，成为人们生活中不可缺少的部分。

我国微电子产业起步于 1965 年。经过 50 多年的发展，现已初步形成了包括材料、设计、制造、封装共同发展的产业链。改革开放以来，由于境外大量集成电路设计公司和芯片制造公司的涌入以及国家对集成电路高技术产业的政策支持，我国微电子产业（集成电路产业）进入了高速成长期。

二、电子技术的构成与特点

电子技术由模拟电子技术、数字电子技术两部分构成。随着晶体管、集成电路的发明和大量应用，电子技术在各自的应用领域都得到了长期的发展，产品更是日新月异。

1. 模拟电子技术

（1）模拟电子技术特征与工艺。总体上说，模拟电子技术就是研究对仿真进行处理的模拟电路。模拟电子技术是整个电子技术的基础，在信号放大、功率放大、整流稳压、模拟量反馈、混频、调制解调电路领域具有无可替代的作用。如高保真（Hi-Fi）的音箱系统、移动通信领域的高频发射机等。

模拟集成电路最重要的指标是电压和功率。例如，过去的模拟集成电路实际上采用的是基于数字集成电路的混合集成电路 5 V CMOS 工艺，现在已经有越来越多的器件要求采用高压的 BCD 工艺。如何提高耐压、加大功率、降低导通电阻，对于模拟集成电路是一个挑战。

（2）模拟电子技术的应用。模拟技术主要应用于和各种模拟量接口的场合。进入 21 世纪以来，模拟电子技术有了飞速的发展。这主要得益于消费类电子产品的飞速发展，不仅和娱乐密切相关的音视频产品快速发展，而且游戏类、保健类等产品快速发展。音视频的输入/输出都是模拟量，必须采用模拟的接入，经过数字处理，再变回模拟量以供人耳及人眼接收。除人的听觉、视觉、触觉等是接收模拟量以外，其他自然界的物理量也都是模拟量，过去如温度、压力等各种物理量主要用在工业测量和控制中，而现在也开始广泛地应用到各种个人消费类产品中，如电子体温计、电子血压计。人机互动的游戏机 Wii 以及用于保健的 Wii Fit，就是采用了加速度测量芯片。此外，因为大多数消费类产品都是便携式的，大多数都是电池供电，因而以电池为初级电源的各种电源功率器件也得到飞速发展。如充电管理器、线性低压降稳压器、各种直流变换器等。

2. 数字电子技术

（1）数字电子技术概述。与模拟电路相比，数字电路具有精度高、稳定性好、抗干扰能力强、程序软件控制等一系列优点。从目前的发展趋势来看，除一些特殊领域外，以前一些模拟电路的应用场合，大有逐步被数字电路所取代的趋势，如数字滤波器等。

数字电子技术目前也在向两个截然相反的方向发展：

一个方向是基于通用处理器的软件开发技术，比如单片机、DSP、PLC 等技术，其特点是在一个通用处理器（CPU）的基础上结合少量的硬件电路设计来完成系统的硬件电路，而将主要精力集中在算法、数据处理等软件层次上。

另一个方向是基于 CPLD/FPGA 的可编程逻辑器件的系统开发，其特点是将算法、数据加工等工作全部融入系统的硬件设计中，在"线与线的互联"中完成对数据的加工。

（2）数字电子技术的应用。数字电子技术一直是电子科学与技术领域中的一个重要分支。近年来，随着微电子和计算机网络等基础技术的飞速发展，数字电子技术已经渗透到科研、生产和人们日常生活的各个领域。数字系统的实现方法在经历了由分立元件、SSI、MSI、LSI 到 VLSI 的系列演变之后，数字器件也经历了由通用集成电路到专业集成电路（ASIC）的演化。目前，随着数字集成技术和 EDA、SOC 等技术的迅速发展，数字系统设计的理论和方法也在相应变化和发展。

单元二　　学习内容

　　"模拟电路分析与应用"是电气自动化技术专业的重要专业基础课程，是电子电路分析、设计的入门课程。

　　课程从专业技术的学习规律出发，将课程设计的知识进行碎片化处理，将教学内容以项目为载体进行整合，内容选取具有实用性，以项目为载体进行内容划分，共设计了包括行业应用技术及发展、二极管检测与应用、线性直流稳压电源、三极管放大电路分析与应用、集成运放电路分析与应用、集成功放电路分析与应用等六个典型的工作项目。

　　通过课程学习，学生能够了解电子电路常用器件知识及应用、电子电路分析与应用的基本理论、电路分析与测量的常识与方法、电子技术在实际项目中的应用；掌握一些常用电子器件和基本电子电路的工作原理及分析设计方法，掌握常用电子仪器的使用方法和基本单元电路的调试方法；具备典型应用电路的分析、应用及检修等能力；提高学生从事电子电路检修、设计等工作的技能，为后续课程学习和就业岗位需求打下基础。本课程的开设还为学生学习"数字电路分析与应用"等后续课程奠定基础。

单元三　　学习方法

　　"模拟电路分析与应用"课程的学习要求是使学生获得模拟电子技术方面的基本理论、基本知识和基本技能。因为模拟电子技术是一门发展迅速、不断更新、应用广泛的学科，所以内容庞杂繁多，具体表现：器件种类多且新器件推出速度快、电路形式多且电路中交直流电量并存、新的概念多、分析方法多。因此，学生在初学时，普遍感到很难适应，往往心中无数。对此，如不相应改进学习方法，就难以掌握要领。现针对模拟电子技术的课程特点谈谈学习方法：

　　（1）学会定性分析，掌握基本概念。掌握基本概念是进行分析计算和试验调整的前提，是学好本课程的关键。要学会定性分析，务必防止用所谓的严密数学推导掩盖问题的物理本质。

　　（2）学会归纳总结，找规律，抓相互联系。模拟电子技术内容庞杂繁多，要学会俯视地看问题，保持清晰的思路，找出彼此间的内在联系。只有这样，才能举一反三、触类旁通，能在不同的条件下灵活运用所学知识。

　　（3）重视试验。试验在本课程中有着重要的作用，它可以帮助验证所学的理论，并且可以培养解决实际问题的能力。

(4)按时、独立地完成规定的作业。做习题是一个非常重要的环节，它对于巩固概念、启发思考、熟悉分析运算过程、暴露学习中的问题和不足是不可缺少的。

另外，针对本课程的学习内容，在具体学习过程中还要应用以下方法：

第一，正确理解和掌握模拟电路的基本概念和重要术语。例如，PN 结，单向导电性，稳压作用和放大作用，截止、放大和饱和，直流通路和交流通路，静态和动态，正向偏置和反向偏置，工作点，负载线，非线性失真，放大倍数，输入电阻和输出电阻，零点漂移，频率响应，波特图，理想运放，虚短，虚地，差模，共模抑制比，反馈，开环和闭环，自激振荡，互补对称，交越失真等。

第二，掌握模拟电路常用的分析方法。例如，分析放大电路静态工作情况和分析波形失真常用的图解法，分析放大电路动态性能（如放大倍数、输入/输出电阻等）的微变等效电路法，判断正负反馈的瞬时极性法，估算深负反馈条件下放大电路闭环放大倍数的近似估算法，分析应用电路的"虚短"和"虚断"法，利用相位平衡条件判断电路能否产生正弦振荡的方法等。

第三，通过模拟电子技术课程的学习，培养分析问题和解决问题的能力。例如，初步的电子电路读图能力（能阅读简单的典型电子调和的原理图，了解各主要组成部分的作用和原理），根据要求选择基本单元电路和选用元器件的初步能力，估算基本电路主要性能指标的初步能力等。

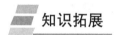 知识拓展

电子技术的发展方向

一、高集成化、大容量化、超小型化、大型化

电子技术的发展速度之快，令人目不暇接。我们可以看到，电子设备正在朝着高集成化、大容量化、超小型化以及大型化的方向飞速发展。

首先，高集成化是电子技术发展的一个显著趋势。以半导体为例，在 2000 年，一个芯片上可能只有几十个或几百个晶体管，而现在，一个先进的 CPU 上可以集成数十亿个晶体管。这种集成度的提高，使电子设备的功能更加强大、体积更为紧凑、能耗更小。

其次，大容量化是电子技术的一个重要发展方向。以存储器为例，2000 年时，主流的硬盘容量大约是几十 GB，而现在，一个普通的智能手机就可以存储高达 TB 级别的数据。这种大容量的实现，使人们能够存储更多的信息，更好地满足人们的生活和工作需求。

再次，超小型化是电子技术发展的一个显著趋势。以处理器为例，曾经的大主机箱现在可以缩小到手指大小，甚至更小。这种超小型化使电子设备更加便携，可以应用于更多的领域，如穿戴设备、物联网等。

最后，大型化是一个不容忽视的趋势。以数据中心为例，随着云计算、大数据等技术的快速发展，数据中心的建设正在朝着规模更大、计算能力更强的方向发展。这种大型化的趋势，使人们能够更好地处理海量数据，满足各种复杂的需求。

二、低功耗、易使用性和高生产率

当前的信息化，无论是传输、存储，还是加工处理，一切都使用半导体，半导体技术无疑是信息社会的基础。半导体 LSI 的发展方向有两方面：

(1)开发新的芯片结构；

(2)引入新材料。

为防止地球升温，正积极开发太阳电池清洁能源。在减少功耗方面，计划开发功耗不到 10 mW，而性能达 10 GIPS 的处理器。电话之后是可视电话、宽带、无线终端广泛应用，语音识别、自动翻译等功能一一实现。

三、高速化、超平列化、高感度化

LSI 的开关速度可提高到 10^{12} 次/s 以下，高频宽带固体放大器将达 100～1 000 GHz。取代晶体管的新器件课题有"具有放大功能的超导 3 端器件""单原子工作的超高速、超高集成开关器件""TIPS(103GIPS)级微处理器""10～100 nm 分辨率的 X 射线显微镜""100 万神经元规模的半导体神经芯片"以及"高温超导材料"等。

当今电子技术发展趋势

电子技术作为现代科技的核心驱动力，已经深深地影响了人们的生活和工作。从手机的普及，到人工智能的广泛应用，再到物联网的迅速发展，电子技术的应用随处可见。下面通过具体的例子来阐述电子技术的几个主要发展趋势。

人工智能在电子技术中的应用。近年来，AI 已经渗透到人们生活的方方面面，比如语音助手、自动驾驶汽车甚至是医疗诊断。例如，一款名为"DeepMind"的 AI 算法可以通过分析眼部扫描图像来预测糖尿病性视网膜病变等疾病的发病率。这是电子技术在医疗领域的一个重大应用。同时，物联网也是一个重要的趋势。

现在，人们可以通过物联网技术将各种设备连接在一起，实现智能家居、智能城市的建设。比如，智能音箱可以控制家里的灯光、空调等家电，而智能交通系统可以实时监测道路状况并调整交通信号灯的时间，以缓解交通拥堵。

电子技术还朝着更环保、更可持续的方向发展。例如，太阳能电池的技术不断进步，使太阳能的应用越来越广泛。同时，电子产品的回收和再利用也得到了人们越来越多的关注，这符合人们对于环保和可持续发展的追求。

总的来说，电子技术的发展趋势是多元化、复杂化、智能化的，它不断地突破人们的想象，带来前所未有的可能性。

项目二 二极管检测与应用

学习目标

1. 知识目标

(1)PN结的单向导电性；

(2)各种类型二极管的特性与应用；

(3)常用仪器仪表的使用。

2. 能力目标

(1)熟练使用各种仪器仪表；

(2)掌握测试普通二极管、稳压二极管和发光二极管的方法；

(3)能够独立设计应用稳压二极管的直流稳压电路。

3. 素养目标

(1)培养模拟电子技术学习兴趣；

(2)提升分析问题和解决问题的能力；

(3)能够根据电路参数选择合适的器件；

(4)提升二极管应用电路、稳压电路的设计能力。

项目导学

1949年10月1日中华人民共和国成立，正是发明晶体管的两年之后。我国政府认为，半导体科学已经是全球发展的趋势，中国也必须在半导体技术领域迎头赶上，为此，便把半导体技术列为国家核心战略发展重点。

1950—1980年，基础技术与生态建立。这是中国半导体从无到有的重要阶段，由中国半导体之母谢希德建立了教育与研发的多重基础，并且吸引了诸多海外半导体专家回国，这段时间是基础技术建立阶段，以制造为主，发展了PMOS(P型金属-氧化物-半导体)集成电路、LSI，并且与国际半导体一流行业合作，引进了先进的设计与制造技术。

1980—2000年，芯片设计勃发。许多重要的科技公司以及半导体公司都在此时成立。1982年10月，国务院成立了以副总理万里为组长的电子计算器和大规模集成电路领导小组，制订中国芯片发展规划。航天691厂技术科长侯为贵1985年在深圳创立了中兴通讯的前身中兴半导体。1987年，任正非创立了华为，4年后组建了华为集成电路设计中心，也就是海思半导体。中兴半导体与华为集成电路设计中心成立初期是为了满足自己终端方案的设计需求，后来逐渐走向以通信技术发展为主的发展道路。

2000—2010年，通信驱动的芯片设计。在这个阶段中，早期通信行业的快速发展成为推动芯片设计产业的最大动力来源。2001年，展讯通信有限公司成立，最早从2.5 G功能芯片着手发展，后来从功能机芯片转向智能机芯片之后，一举成为全球前十的芯片设计公司之一。

2010—2022年，从通信驱动到AI与应用驱动，中国IC设计爆发成长。2010年初期，中国移动通信产业蓬勃发展，展讯、联发科等芯片主控，以及衍生的触控、显示控制IC的设计与制造成为此时期获利最大的行业，同时推动半导体行业的变革。此时也是平板计算机发展的时期，成立于2001年的瑞芯微电子，以及在2007年成立的全志科技，都在平板计算机的发展方面扮演着重要的推动角色。2010年之后，中国半导体行业迈入另一个阶段，由于AI议题的火热，芯片设计也逐渐从传统的主控，即自动驾驶、图像识别、云AI计算等，纷纷投入自有方案的开发，走向以满足AI驱动为主的生态发展道路。这一时期可以说是中国半导体行业的重要转折点。

本项目主要包括知识储备、知识实践、知识拓展三部分，具体框架如下：

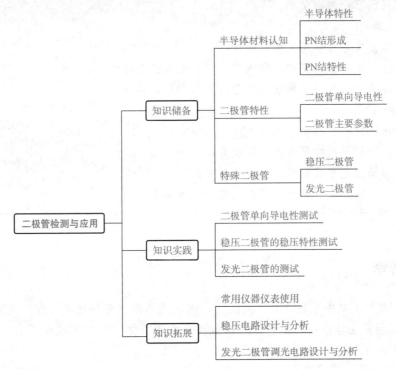

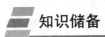

知识储备

半导体材料、PN
结形成和特性

单元一　半导体材料认知

一、半导体特性

自然界中的各种物质按导电能力划分为导体、绝缘体、半导体。半导体导电能力介于导体和绝缘体之间。它具有热敏性、光敏性和掺杂性。利用光敏性可制成光电二极管、光电三极管及光敏电阻；利用热敏性可制成各种热敏电阻；利用掺杂性可制成各种不同性能、不同用途的半导体器件，如二极管、三极管、场效应管等。

1. 本征半导体

纯净的半导体称为本征半导体。

（1）半导体的共价键结构。在电子器件中，用得最多的半导体材料是硅和锗，它们都是四价元素，最外层原子轨道上具有四个电子，称为价电子。每个原子的价电子与相邻原子的价电子形成共价键结构，如图 2-1 所示。

（2）本征激发。在室温或光照下，少数价电子可以获得足够的能量摆脱共价键的束缚成为自由电子，同时在共价键中留下一个空位，这个空位称为空穴，这种现象称为本征激发。自由电子和空穴是成对出现的，称为电子空穴对。在本征半导体中，电子与空穴的数量总是相等的。

由于共价键中出现了空位，在外电场或其他能源的作用下，邻近的价电子就可填补到这个空穴上，而在这个价电子原来的位置上留下新的空位，以后其他价电子又可转移到这个新的空位上，如图 2-2 所示。为了区别于自由电子的运动，人们把这种价电子的填补运动称为空穴运动，认为空穴是一种带正电荷的载流子，它所带的电荷和电子相等，符号相反。由此可见，本征半导体中存在两种载流子：电子和空穴。

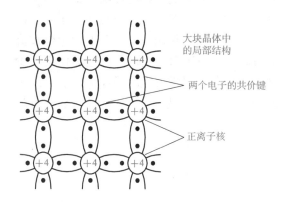

图 2-1　硅和锗的共价键结构

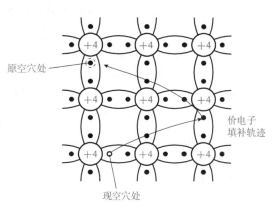

图 2-2　电子与空穴的移动

2. 杂质半导体

在本征半导体中掺入某些微量杂质元素，可使半导体的导电性发生显著变化。掺入的杂质主要是三价或五价元素，掺入杂质的本征半导体称为杂质半导体。要注意，这里的杂质半导体是在提纯的本征半导体中掺入一定浓度的三价或五价元素而得到的，不是普通意义上的含有多种任意杂质的半导体。

（1）N 型半导体。在纯净的半导体硅（或锗）中掺入微量五价元素（如磷）后，就可成为 N 型半导体，如图 2-3（a）所示。在这种半导体中，自由电子数远大于空穴数，导电以电子为主。这种以电子导电为主的半导体称为 N 型半导体。

（2）P 型半导体。在硅（或锗）的晶体内掺入少量三价元素杂质，因缺少一个电子，在晶体中便产生一个空穴。这种掺杂使空穴的浓度大大增加，这种以空穴导电为主的半导体称为 P 型半导体，如图 2-3（b）所示。

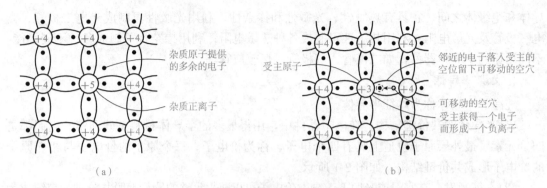

图 2-3　掺杂质后的半导体
(a)N 型半导体；(b)P 型半导体

二、PN 结形成

在一块完整的晶片上，通过一定的掺杂工艺，一边形成 P 型半导体，另一边形成 N 型半导体。P 区的空穴浓度大，会向 N 区扩散，N 区的电子浓度大则向 P 区扩散。这种在浓度差作用下多数载流子的运动称为扩散运动。空穴带正电，电子带负电，这两种载流子扩散到对方区域后复合而消失，在结合面两侧分别留下了不能移动的正负离子，呈现出一个空间电荷区，这个空间电荷区就称为 PN 结。PN 结的形成会产生一个由 N 区指向 P 区的内电场。内电场的产生阻碍了多数载流子的扩散运动，同时，在内电场的作用下，P 区中的少数载流子电子、N 区中的少数载流子空穴会越过交界面向对方区域运动，这种在内电场作用下少数载流子的运动称为漂移运动。漂移运动和扩散运动最终会达到动态平衡，PN 结宽度一定。PN 结内电场的电位差称为内建电位差，室温时，硅材料为 0.5～0.7 V，锗材料为 0.2～0.3 V。

三、PN 结特性

在 PN 结两端外加电压，称为给 PN 结的偏置电压。

1. PN 结正向偏置

给 PN 结加正向偏置电压，即 P 区接电源正极、N 区接电源负极，此时称 PN 结正向偏置（简称正偏），如图 2-4 所示。由于外电源产生的外电场的方向与 PN 结产生的内电场方向相反，削弱了内电场，使 PN 结变薄，有利于两区多数载流子向对方扩散，形成正向电流，此时 PN 结处于正向导通状态。

2. PN 结反向偏置

给 PN 结加反向偏置电压，即 N 区接电源正极、P 区接电源负极，称 PN 结反向偏置（简称反偏），如图 2-5 所示。由于外加电场与内电场的方向一致，因而加强了内电场，使 PN 结加宽，阻碍了电子的扩散运动。在外电场的作用下，只有少数载流子形成的很微弱的电流，称为反向电流。

综上所述，PN 结具有单向导电性，即加正向电压时导通，加反向电压时截止。

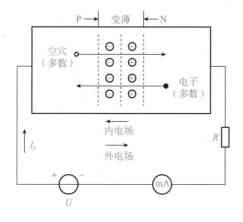

图 2-4　PN 结加正向电压

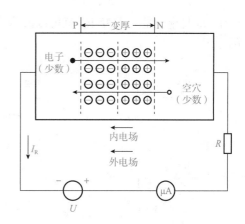

图 2-5　PN 结加反向电压

单元二　二极管特性

一、二极管单向导电性

1. 二极管的图形符号

(1)二极管外形。在 PN 结的 P 区和 N 区各接一个电极，再进行外壳封装并印上标记，就制成了一只二极管。图 2-6 所示是常见的几种二极管外形，都是由电极(引脚)和主体部分构成。主体内部就是一个 PN 结，一般只能看到 PN 结封装后的外形。

二极管的两个电极分别称为阳极(也称正极)、阴极(也称负极)。阳极从 P 区引出，阴极从 N 区引出。

(2)二极管在电路图中的图形符号。二极管的种类与用途较多，为了在绘制电路图时便于描述，人为地规定了二极管图形符号。对不同种类二极管，规定了不同的图形符号，如图 2-7 所示。

普通二极管图形符号，以短直线表示 PN 结 N 区，三角形表示 P 区，两者接触的那一点表示 PN 结，右端长线表示二极管阴极(负极)，左端长线表示二极管阳极(正极)。

2. 二极管的伏安特性

当给二极管加上电压时，流过二极管电流的情况称为二极管的伏安特性。二极管的伏安特性包括两个方面，一是正向特性，二是反向特性。

图 2-8 所示为二极管伏安特性的电

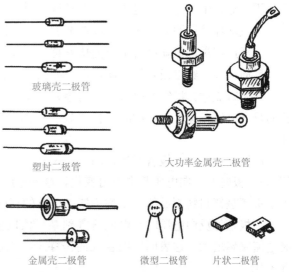

玻璃壳二极管

塑封二极管

大功率金属壳二极管

金属壳二极管　　微型二极管　　片状二极管

图 2-6　常见的二极管外形

路。图中 R_P 是电位器，改变 R_P 就可以改变二极管两端电压，R 是限流电阻，起到保护二极管的作用。

图 2-7　二极管图形符号

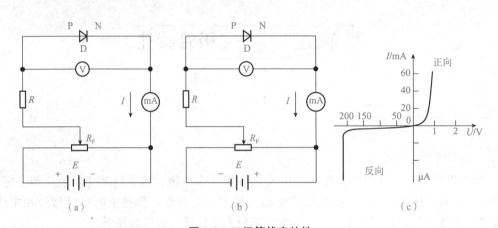

图 2-8　二极管伏安特性
(a)正向特性；(b)反向特性；(c)伏安特性曲线

正向特性：如图 2-8(a)所示，调节 R_P，二极管两端的正向电压低于 0.5 V 时，二极管几乎不导通，电流为零，电压从 0.5 V 逐渐增大，电流也随之逐渐增大，当电压达到 0.7 V 时，电流增加速度明显加快，继续调节 R_P，二极管两端的电压基本不再变化，但电流迅速增大。经过定量测量就可得出正向伏安特性曲线。

反向特性：给二极管加反向电压，如图 2-8(b)所示，调节 R_P，使反向电压从零逐渐增大，开始时流过二极管的电流几乎为零，当反向电压增大到某一值时(如 215 V)，流过二极管的反向电流迅速增大，此时二极管处于反向击穿状态。经定量测量可得到反向伏安特性曲线。

由以上可知，二极管所加正向电压超过 0.5 V 时，二极管开始导通，达到 0.7 V 时(硅管)，二极管的正向电压基本不再变化，这一电压(约 0.7 V)称为硅二极管的正向导通压降。若二极管是锗材料制成的，则称为锗二极管的正向导通压降(0.2～0.3 V)。

二极管加反向电压时，电压从零到某一值以前，二极管几乎无电流通过，达到某一值时电流突然增大，这表明二极管反向击穿了，流过的电流为反向电流，某一值电压称为击穿电压。

结论：二极管加正向电压(硅管超过 0.5 V，锗管超过 0.2 V)时，二极管导通，导通压降：硅管 0.7 V；锗管 0.3 V。二极管导通时，有电流流过二极管。二极管加反向电压（未超过击穿电压）时，二极管截止。二极管截止时，没有电流流过二极管。

二、二极管主要参数

1. 最大整流电流（最大正向平均电流）I_F

最大整流电流是指在保证长期正常工作二极管不损坏的前提下，允许流过二极管的最大电流，不同型号的二极管有不同的最大整流电流值。

2. 最高反向工作电压 U_{RM}

最高反向工作电压是指允许施加在二极管两端的最大反向电压，通常规定为击穿电压的一半，即 $U_{BR}/2$。反向击穿电压 U_{BR} 指管子反向击穿时的电压值。击穿时，反向电流剧增，二极管的单向导电性被破坏，甚至因过热而烧坏。不同型号的二极管的最高反向工作电压的值是不同的。部分常用硅整流二极管的主要参数见表 2-1。

表 2-1 部分常用硅整流二极管的主要参数

参数名称		正向电流	反向电流	最高反向工作电压	正向电压	参数名称		正向电流	反向电流	最高反向工作电压	正向电压
参数符号		I_{DM}	I_R	U_{RM}	U_F	参数符号		I_{DM}	I_R	U_{RM}	U_F
单位		A	μA	V	V	单位		A	μA	V	V
型号	1N4001	1	5	50	0.7	型号	PS2010	2	15	1 000	1.2
	1N4002	1	5	100	0.7		1N5400	3	5	50	1
	1N4003	1	5	200	0.7		1N5401	3	5	100	1
	1N4004	1	5	400	0.7		1N5402	3	5	200	1
	1N4005	1	5	600	0.7		1N5403	3	5	300	1
	1N4006	1	5	800	0.7		1N5404	3	5	400	1
	1N4007	1	5	1 000	0.7		1N5405	3	5	500	1
	P600A	6	25	50	0.7		1N5406	3	5	600	1
	P600B	6	25	100	0.7		1N5407	3	5	800	1
	P600D	6	25	200	0.7		1N5408	3	5	1 000	1
	P600G	6	25	400	0.7		1N5391	1.5	10	50	1.4
	P600J	6	25	600	0.7		1N5392	1.5	10	100	1.4
	P600K	6	25	800	0.7		1N5393	1.5	10	200	1.4
	P600L	6	25	1 000	0.7		1N5394	1.5	10	300	1.4
	PS200	2	15	50	1.2		1N5395	1.5	10	400	1.4
	PS201	2	15	100	1.2		1N5396	1.5	10	500	1.4
	PS202	2	15	200	1.2		1N5397	1.5	10	600	1.4
	PS204	2	15	400	1.2		1N5398	1.5	10	800	1.4
	PS206	2	15	600	1.2		1N5399	1.5	10	1 000	1.4
	PS208	2	15	800	1.2						

3. 反向电流 I_R

反向电流是指管子未击穿时的反向电流，其值越小，则管子的单向导电性越好。由于温度增加，反向电流会急剧增加，因此，在使用二极管时要注意温度的影响。

4. 最高工作频率 f_M（超过时单向导电性变差）

最高工作频率是指保证二极管单向导电作用的最高频率。

利用二极管的单向导电性，可实现整流、限幅、钳位、检波、保护、开关等。

单元三　特殊二极管

稳压二极管的
工作特性

一、稳压二极管

稳压二极管简称稳压管，它是用硅材料制成的半导体二极管，由于它具有稳定电源的特点，在稳压设备和一些电子电路中经常用到。稳压管中的 PN 结反向击穿时，反向电流最大，PN 结两端的反向电压是稳定的，反向电压消失后，PN 结不会损坏。

1. 稳压二极管的特性曲线

稳压二极管的伏安特性曲线如图 2-9 所示，可以借助它来了解稳压二极管在各种偏置下的状态。

状态①：正向偏置状态。此状态下，稳压二极管的特性表现为普通二极管的特性，即：随着正向偏压的提高，正向电流变化很大、很陡；但由于 U_F（0.3～0.7 V）很小，此正向偏置状态基本无使用价值。需要注意的是，不同稳压二极管的正向压降是不同的。

状态②：反向偏置状态。此状态下，当反向偏压没达到 U_Z 之前，稳压二极管基本没导通；而当反向偏压接近 U_Z 值时，稳压二极管开始导通，产生 I_R 电流。随着反向偏压的提高，反向电流 I_R 也会变化很大、很陡。尽管电流在很大的范围内变化，二极管两端的电压却基本上稳定在击穿电压附近，从而实现了二极管的稳压功能。图中的击穿区就是稳压二极管的正常工作状态，通常此区域对应的 U_R 区间范围很小，此电压就是稳压二极管的工作点稳压值。

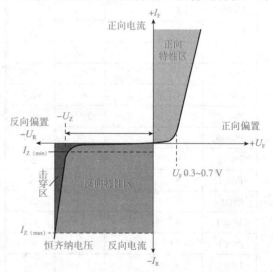

图 2-9　稳压二极管的伏安特性曲线

2. 稳压二极管的参数

（1）稳定电压 U_Z。稳压二极管击穿时，二极管上保持的反向电压值，称为稳压二极管稳定电压。

（2）稳定电流 I_Z。稳压二极管长期正常工作状态下的反向击穿电流，称为稳定电流。

（3）最大工作电流 I_{Zmax}。稳压二极管长期正常工作状态下的最大反向击穿电流，称为最大工作电流。超出此电流，稳压二极管就会损坏。

（4）动态电阻 r_Z。其计算公式为

$$r_Z = \frac{\Delta U_Z}{\Delta I_Z}$$

稳压管反向击穿时的动态电阻，定义为稳定电流变化量 ΔI_Z 引起的稳定电压变化量 ΔU_Z。

动态电阻是反映稳压二极管稳压性能好坏的重要参数，r_Z 越小，反向击穿区曲线越陡，稳压效果就越好。

（5）允许耗散功率 P。允许耗散功率约等于稳定电流与稳定电压的乘积，即 $P \approx I_Z \times U_Z$，选择稳压二极管时可由此式估算。

表 2-2 列出了常见国外稳压二极管参数与国产型号代换表。

表 2-2　常见国外稳压二极管参数与国产型号代换表

| 国外型号 | 国产代换型号 | 稳压值 U_Z/V | | | 允许功耗 |
		最小值	最大值	测试条件 I_Z/mA	P/mW
RD0.2(B)E	2CW50	1.88	2.12	20	400
RD6.2(B)E	2CW104	5.8	6.6	20	400
RD7.5E(B)	2CW109	10.4	11.6	10	400
RD24E	2CW116	22.5	24.85	5	400
RD27E	2CW17	24.26	27.64	5	400
05Z5.1Y	2CW103	5	5.2	5	500
05Z5.6Z	2CW103	5.8	6	5	500
05Z6.2Y	2CW104	6	6.3	5	500
05Z7.5Y.Z	2CW105	7.34	7.7	5	500
O5Y9.1Y	2CW107	8.9	9.3	5	500
05Z12Z	2CW110	12.12	12.6	5	500
05Z13X	2CW110	12.4	13.1	5	500
05Z13Z	2CW111	13.5	14.1	5	500
05Z15Y	2CW112	14.4	15.15	5	500
HZ18Y	2CW113	17.55	18.45	5	500
HZ6(A)	2CW103	5.2	5.7	5	500
HZ7(A)	2CW105	6.3	6.9	5	500
HZ7(B)	2CW105	6.7	7.2	5	500
HZ11	2CW109	9.5	11.5	5	500
HZ12	2CW111	11.6	14.3	5	500
EOA02—11B	2CW109	11.13	11.71	5	500
EOA02—12E	2CW110	11.2	13.1	15	500
MA1130	2CW111	12.4	14.1	15	500

| 国外型号 | 国产代换型号 | 稳压值U_Z/V | | | 允许功耗 |
| | | 最小值 | 最大值 | 测试条件 | P/mW |
				I_Z/mA	
QA106SB	2CW104	5.88	6.12	15	500
HZ27－04	2CW101	27.2	28.6	0.1	500
RD2.7E	2CW101	2.5	2.9	5	500

3. 稳压二极管的应用电路

(1)简易稳压电路。如图 2-10 所示，D 为稳压二极管，与负载 R_2 并联，R_1 为限流电阻。

若电网电压升高，电路的输入电压 U_i 也随之升高，引起负载 U_o 升高。由于稳压管 D 与负载 R_2 并联，U_i 即便增大一点，都会使流过稳压管的电流急剧增加，使 I 也增大，限流电阻 R_1 上的电压降增大，从而抵消了 U_i 的升高，保持负载电压 U_o 基本不变。反之，若电网电压降低，引起 U_i

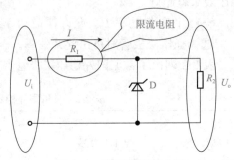

图 2-10 稳压管稳压电路

下降，造成 U_o 也下降，则稳压管中的电流急剧减小，使 I 减小，R_1 上的压降也减小，从而抵消了 U_i 的下降，保持负载电压 U_o 基本不变。若 U_i 不变而负载电流增加，则 R_1 上的压降增加，造成负载电压 U_o 下降。U_o 只要下降一点，稳压管中的电流就迅速减小，使 R_1 上的压降再减小下来，从而保持 R_1 上的压降基本不变，使负载电压 U_o 得以稳定。

综上所述，稳压管起着电流的自动调节作用，而限流电阻起着电压调整作用。稳压管的动态电阻越小，限流电阻越大，输出电压的稳定性越好。

(2)浪涌保护电路。图 2-11 所示为稳压二极管构成的浪涌保护电路。电路中，J 是继电器，D 是稳压二极管，R_S 是限流保护电阻，R_L 是负载电阻。当工作电压没有浪涌出现时，R_L 电压没有高到足以使稳压二极管 D 导通的程度，这时 D 截止，没有电流流过继电器 J，J 的触点保持接通状态，V_S 通过继电器触点为负载 R_L 正常供电。当工作电压出现浪涌时，由于电压升高，稳压二极管 D 导通，这时有电流流过继电器 J，J 的触点断开，电压 V_S 不能通过继电器触点为负载 R_L 供电，达到保护负载 R_L 的目的。

(3)LED 指示灯的 ESD 保护电路。图 2-12 所示为 LED 保护电路，利用稳压二极管的反向偏置特性，防止 LED 受静电过高而损坏。

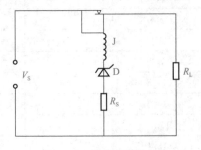

图 2-11 浪涌保护电路

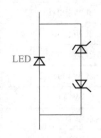

图 2-12 LED 保护电路

二、发光二极管

发光二极管的
工作特性

发光二极管简称 LED。图 2-13 所示为发光二极管的构造。

发光二极管有最大正向电流 I_{FM}、最大反向电压 V_{RM} 的限制，使用时，应保证不超过此值。为安全起见，实际电流 I_F 应在 $0.6I_{FM}$ 以下；可能出现的反向电压为 V_{RRM}（接近 $1/2\ V_{RM}$）。

1. 发光二极管的分类

（1）按发光二极管发光颜色分类。按发光二极管发光颜色分，可分成红色、橙色、绿色（又细分黄绿、标准绿和纯绿）、蓝色等。另外，有的发光二极管中包含两种或三种颜色的芯片。根据发光二极管出光处掺或不掺散射剂、有色还是无色，上述各种颜色的发光二极管还可分成有色透明、无色透明、有色散射和无色散射四种类型。散射型发光二极管经常做指示灯用。

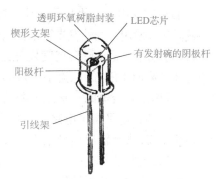

图 2-13　发光二极管的构造

（2）按发光二极管出光面特征分类。按发光二极管出光面特征分为圆灯、方灯、矩形、面发光管、侧向管、表面安装用微型管等。圆灯按直径分为 $\phi2$ mm、$\phi4.4$ mm、$\phi5$ mm、$\phi8$ mm、$\phi10$ mm 及 $\phi20$ mm 等。国外通常把 $\phi3$ mm 的发光二极管记作 T−1，把 $\phi5$ mm 的记作 T−1(3/4)，把 $\phi4.4$ mm 的记作 T−1(1/4)。

（3）按发光强度角来分类。

1）高指向性：一般为尖头环氧封装，或是带金属反射腔封装，且不加散射剂。半值角为 $5°\sim20°$ 或更小，具有很高的指向性，可作局部照明光源用，或与光检出器联用以组成自动检测系统。

2）标准型：通常作指示灯用，其半值角为 $20°\sim45°$。

3）散射型：这是视角较大的指示灯，半值角为 $45°\sim90°$ 或更大，散射剂的量较大。

（4）按发光二极管的结构分类。按发光二极管的结构分为全环氧包封、金属底座环氧封装、陶瓷底座环氧封装及玻璃封装等类型。

（5）按发光强度和工作电流分类。按发光强度和工作电流分为普通亮度的 LED（发光强度为 100 mcd）和高亮度发光二极管（发光强度为 $100\sim1\ 000$ mcd）。

一般 LED 的工作电流在十几 mA 至几十 mA，而低电流 LED 的工作电流在 2 mA 以下（亮度与普通发光管相同）。

除上述分类方法外，还有按芯片材料分类及按功能分类的方法。

2. 发光二极管使用注意事项

（1）LED 电压的微小波动（如 0.1 V）都将引起电流的大幅度波动（$10\%\sim15\%$）。LED 应在相同的电流条件下工作，一般建议 LED 的电流为 $15\sim18$ mA。电流过大，LED 会缩短寿命；电流过小，达不到所需光强。

（2）过流保护。过高的电流会引起发光二极管的烧坏及亮度的加速衰减。在电路设计时应根据发光二极管的压降配对不同的限流电阻进行串联保护，以保证发光二极管工作稳定和处于最佳工作状态。电阻值计算公式为：$R=(V_{CC}-V_F)/I_F$（V_{CC}：电源电压，V_F：LED驱动电压，I_F：顺向电流）。

（3）所有接触发光二极管的设备及仪器、作业台面均需加装地线，特别焊接的烙铁及锡炉必须接地良好。

3. 发光二极管的应用

LED被广泛用于各种电子仪器和电子设备中，可作为电源指示灯、电平指示或微光源使用。红外发光管常被用于电视机、录像机等的遥控器中。

发光二极管
的应用

（1）利用高亮度或超高亮度发光二极管制作微型手电的电路，应保证电源电压最高时LED的电流小于最大允许电流I_{FM}。

（2）常用于直流电源、整流电源及交流电源作指示电路。

（3）单LED电平指示电路。在放大器、振荡器或脉冲数字电路的输出端，可用LED表示输出信号是否正常，只有当输出电压大于LED的阈值电压时，LED才可能发光。

肖特基二极管
的工作特性

（4）单LED可充作低压稳压管用。由于LED正向导通后，电流随电压变化非常快，具有普通稳压管稳压特性。发光二极管的稳定电压在1.4～3 V，应根据需要选择V_F。

（5）常用于电平表作美观显示用。目前，在音响设备中大量使用LED电平表。它是利用多只发光管指示输出信号电平的，即发光的LED数目不同，则表示输出电平的高低变化。当输入信号电平很低时，全不发光。输入信号电平增大时，首先第一路LED亮，再使第二路LED亮，依次点亮。

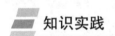

知识实践

二极管单向导电性测试

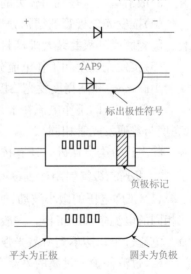

普通二极管的特性
和测试方法

一、识别二极管极性

晶体二极管两引脚有正负极之分。电路符号中，三角底边为正极，短杠一端为负极。实物中，有的将电路符号印在二极管上标示出极性；有的在二极管负极一端印上一道色环作为负极标记；有的二极管两端形状不同，平头为正极，圆头为负极。使用中应注意识别，如图2-14所示。

二、二极管的常见故障

（1）击穿故障。常表现出正反向电阻都为0 Ω，此时二极管失去了单向导电能力。

二极管短路很容易辨别，可用万用表测量正反向电阻，如果都接近0 Ω，就说明二极管击穿了。二极管击穿的原因一般是二极管承受的反向电压超过V_{RM}。

（2）开路故障。二极管开路故障分电性能和机械两方

图2-14　二极管极性

面故障。在电性能方面，开路故障是由于流过二极管的电流过大，导致 PN 结烧断；机械方面，开路故障是由于受潮锈断或机械振动使 PN 结内部与电极断开。二极管出现开路故障后，正反向电阻都为无穷大，可通过测量正反向电阻辨别。

（3）二极管变质故障。二极管变质故障是一种介于短路与开路的情形，这种故障多在正反向电阻上有所表现，即二极管的正向电阻过大，而反向电阻偏小。失去了单向导电作用，不能继续使用，必须更换。

三、二极管好坏的判别

二极管具有单向导电特性，正向导通时电阻很小，反向截止时电阻很大。根据这一特点，可以用万用表测量二极管正、反向电阻值，然后以此为依据判别二极管的好坏。用万用表判别二极管的具体测量方法如图 2-15 所示。

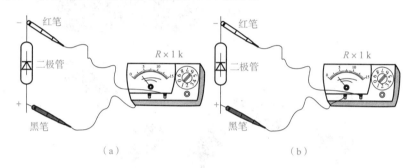

图 2-15　二极管正反向电阻的检测

（a）正向电阻检测；（b）反向电阻检测

找几只不同型号的二极管分别测量其正、反向电阻，以便熟练掌握测量操作，熟悉各种二极管正、反向电阻特点。通过对二极管正、反向电阻的测量，可知正常的硅二极管，正向电阻为 5 kΩ 左右，反向电阻为无穷大。这一突出特点是用万用表判别二极管好坏的依据。若一只二极管正反向电阻均为正常值，就说明这只二极管是好的，否则就是坏的。

提示：锗材料二极管如 2AP9、2AP30、2AN1 等，它们的正向电阻正常值为 1 kΩ 左右，反向电阻正常值约为 500 kΩ。

要指出，测量时所用万用表不同，测出二极管正反向电阻值也不同；测量时万用表的倍率挡不同，测出的结果也不一样。一般来说，无论什么型号的二极管，或用什么材料制作的二极管，其正向电阻越小，反向电阻越大，质量就越好，这是通过正、反向电阻判断二极管好坏的依据。

稳压二极管的稳压特性测试

稳压二极管（Zener Diode），又称齐纳二极管。图 2-16 为常见的玻封结构的稳压二极管实物图。

稳压二极管是一种工作在反向击穿区、具有稳定电压作用的二极管。其极性与性能好坏的测量与普通二极管的测量方法相似，不同之处在于：当使用万用表的 $R \times 1 k$ 挡测量二极管时，测得其反向电阻是很大的，此时，将万用表转换到 $R \times 10 k$ 挡，如果出现万用表指针向右偏转较大角度，即反向电阻值减小很多的情况，则该二极管为稳压二极管；

如果反向电阻基本不变，说明该二极管是普通二极管，而不是稳压二极管。稳压二极管的测量原理是：万用表 $R\times 1$ k 挡的内电池电压较小，通常不会使普通二极管和稳压二极管击穿，所以测出的反向电阻都很大。当万用表转换到 $R\times 10$ k 挡时，万用表内电池电压变得很大，使稳压二极管出现反向击穿现象，所以其反向电阻下降很多；由于普通二极管的反向击穿电压比稳压二极管高得多，因此普通二极管不击穿，其反向电阻仍然很大。

图 2-16　常见的稳压二极管实物图

通常稳压二极管的选择应满足：导通电压低时选锗管；反向电流小时选硅管；导通电流大时选面接触型；工作频率高时选点接触型；反向击穿电压高时选硅管；耐高温时选硅管。

发光二极管的测试

1. 普通发光二极管的检测

直插超亮发光二极管主要有三种颜色，三种发光二极管的压降都不相同，具体压降参考值如下：红色发光二极管的压降为 $2.0\sim 2.2$ V，黄色发光二极管的压降为 $1.8\sim 2.0$ V，绿色发光二极管的压降为 $3.0\sim 3.2$ V。正常发光时的额定电流约为 20 mA。常见发光二极管实物图如图 2-17 所示。

图 2-17　常见发光二极管实物图

贴片 LED 压降：红色的压降为 $1.82\sim1.88$ V，电流为 $5\sim8$ mA；绿色的压降为 $1.75\sim$ 1.82 V，电流为 $3\sim5$ mA；橙色的压降为 $1.7\sim1.8$ V，电流为 $3\sim5$ mA；蓝色的压降为 $3.1\sim3.3$ V，电流为 $8\sim10$ mA；白色的压降为 $3\sim3.2$ V，电流为 $10\sim15$ mA。

(1)用万用表检测。利用具有 $R\times10$ kΩ 挡的指针式万用表可以大致判断发光二极管的好坏。正常时，二极管正向电阻阻值为几十 Ω 至 200 kΩ，反向电阻的值为∞。如果正向电阻值为 0 或∞，反向电阻值很小或为 0，则已损坏。这种检测方法不能真实地看到发光二极管的发光情况，因为 $R\times10$ kΩ 挡不能向 LED 提供较大的正向电流。

如果有两块指针万用表(最好同型号)，则可以较好地检查发光二极管的发光情况。用一根导线将其中一块万用表的"＋"接线柱与另一块表的"－"接线柱连接。余下的"－"笔接被测发光二极管的正极(P 区)，余下的"＋"笔接被测发光二极管的负极(N 区)。两块万用表均置 $R\times10$ Ω 挡。正常情况下，接通后就能正常发光。若亮度很低，甚至不发光，可将两块万用表均拨至 $R\times1$ Ω 挡，若仍很暗，甚至不发光，则说明该发光二极管性能不良或损坏。应注意，不能一开始测量就将两块万用表置于 $R\times1$ Ω 挡，以免电流过大，损坏发光二极管。

(2)外接电源测量。用 3 V 稳压源或两节串联的干电池及万用表(指针式或数字式皆可)可以较准确测量发光二极管的光、电特性。如果测得 V_F 为 $1.4\sim3$ V，且发光亮度正常，可以说明发光正常。如果测得 $V_F=0$ 或 $V_F\approx3$ V，且不发光，说明发光二极管已坏。

2. 红外发光二极管的检测

由于红外发光二极管发射 $1\sim3$ μm 的红外光，人眼看不到。通常，单只红外发光二极管的发射功率只有数 mW，不同型号的红外 LED 发光强度角分布也不相同。红外 LED 的正向压降一般为 $1.3\sim2.5$ V。正是由于其发射的红外光人眼看不见，因此，利用上述可见光 LED 的检测法只能判定其 PN 结正、反向电学特性是否正常，而无法判定其发光情况是否正常。为此，最好准备一只光敏器件(如 2CR、2DR 型硅光电池)作为接收器。用万用表测光电池两端电压的变化情况，来判断红外 LED 加上适当正向电流后是否发射红外光。

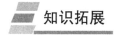 知识拓展

常用仪器仪表使用

1. 示波器

在首次将探头与任一输入通道连接时，需进行探头补偿，使探头与输入通道相配。未经补偿或补偿偏差的探头会导致测量误差或错误。将探头菜单衰减系数设定为 10X，将探头上的开关设定为 10X，并将示波器探头与通道 1 连接。如使用探头钩形头，应确保与探头接触紧密。将探头端部与探头补偿器的信号输出连接器相连，基准导线夹与探头补偿器的地线连接器相连，打开通道 1，然后按 AUTO 键。

(1)普源数字示波器的前面板总览如图 2-18 所示，前面板说明见表 2-3。

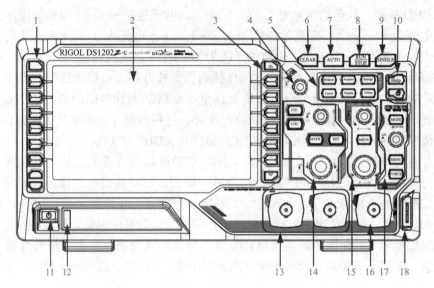

图 2-18　前面板总览

表 2-3　前面板说明

编号	说明	编号	说明
1	测量菜单操作键	10	内置帮助/打印键
2	LCD	11	电源键
3	功能菜单操作键	12	USB Host 接口
4	多功能旋钮	13	模拟通道输入
5	常用操作键	14	垂直控制区
6	全部清除键	15	水平控制区
7	波形自动显示键	16	外部触发输入
8	运行/停止控制键	17	触发控制区
9	单次触发控制键	18	探头补偿信号输出端/接地端

（2）功能概述。

1）垂直控制区。

CH1、CH2：模拟通道设置键。两个通道标签用不同颜色标识，并且屏幕中波形的颜色和通道输入连接器的颜色对应。按下任一按键打开相应通道菜单，再次按下关闭通道菜单。

MATH：按 MATH 键可打开 A＋B、A－B、A×B、A/B、FFT、A&&B、A｜｜B、A·B、! A、Intg、Diff、Sqrt、Lg、Ln、Exp、Abs 和 Filter 运算。按下 MATH 键还可以打开解码菜单，设置解码选项。

REF：按下该键打开参考波形功能。可将实测波形和参考波形比较。

垂直 POSITION：修改当前通道波形的垂直位移。顺时针转动增大位移，逆时针转动减小位移。修改过程中波形会上下移动，同时屏幕左下角弹出的位移信息（如 `POS: 216.0mV` ）实时变化。按下该旋钮可快速将垂直位移归零。

垂直 SCALE：修改当前通道的垂直挡位。顺时针转动减小挡位，逆时针转动增大挡位。修改过程中波形显示幅度会增大或减小，同时屏幕下方的挡位信息实时变化。按下该旋钮可快速切换垂直挡位调节方式为"粗调"或"微调"。

2）水平控制区。

水平 POSITION：修改水平位移。转动旋钮时触发点相对屏幕中心左右移动。修改过程中，所有通道的波形左右移动，同时屏幕右上角的水平位移信息（如 $\boxed{\text{D} \quad \text{-200.000000ns}}$ ）实时变化。按下该旋钮可快速复位水平位移（或延迟扫描位移）。

MENU：按下该键打开水平控制菜单。可打开或关闭延迟扫描功能，切换不同的时基模式。

水平 SCALE：修改水平时基。顺时针转动减小时基，逆时针转动增大时基。修改过程中，所有通道的波形被扩展或压缩显示，同时屏幕上方的时基信息（如 $\boxed{\text{H} \quad \text{500ns}}$ ）实时变化。

3）触发控制区。

MODE：按下该键切换触发方式为 Auto、Normal 或 Single，当前触发方式对应的状态背光灯会变亮。

LEVEL：修改触发电平。顺时针转动增大电平，逆时针转动减小电平。修改过程中，触发电平线上下移动，同时屏幕左下角的触发电平消息框（如 $\boxed{\text{Trig Level : 428mV}}$ ）中的值实时变化。按下该旋钮可快速将触发电平恢复至零点。

MENU：按下该键打开触发操作菜单。

FORCE：按下该键将强制产生一个触发信号。

4）全部清除键。按下该键清除屏幕上所有的波形。如果示波器处于"RUN"状态，则继续显示新波形。

5）波形自动显示键。按下该键启用波形自动设置功能。示波器将根据输入信号自动调整垂直挡位、水平时基以及触发方式，使波形显示达到最佳状态。

6）运行控制键，如图 2-19 所示。按下该键"运行"或"停止"波形采样。

运行（RUN）状态下，该键黄色背光灯点亮；停止（STOP）状态下，该键红色背光灯点亮。

7）单次触发控制键，如图 2-20 所示。按下该键将示波器的触发方式设置为"Single"。单次触发方式下，按 $\boxed{\text{FORCE}}$ 键立即产生一个触发信号。

8）多功能旋钮，如图 2-21 所示。调节波形亮度。

非菜单操作时，转动该旋钮可调整波形显示的亮度。亮度可调节范围为 0% 至 100%。顺时针转动增大波形亮度，逆时针转动减小波形亮度。按下旋钮将波形亮度恢复至 60%。也可按"Display"键调节波形亮度。

9）功能菜单操作键，如图 2-22 所示。

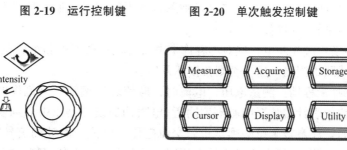

图 2-19　运行控制键 　　　　图 2-20　单次触发控制键

图 2-21　多功能旋钮　　　　图 2-22　功能菜单操作键

Measure：按下该键进入测量设置菜单。可设置测量信源、打开或关闭频率计、全部测量、统计功能等。按下屏幕左侧的 MENU 键，可打开 37 种波形参数测量菜单，然后按下相应的菜单软键快速实现"一键测量"，测量结果将出现在屏幕底部。

Acquire：按下该键进入采样设置菜单。可设置示波器的获取方式、Sin(x)/x 和存储深度。

Storage：按下该键进入文件存储和调用界面。可存储的文件类型包括图像存储、轨迹存储、波形存储、设置存储、CSV 存储和参数存储。支持内、外部存储和磁盘管理。

Cursor：按下该键进入光标测量菜单。示波器提供手动、追踪、自动和 XY 四种光标模式。其中，XY 模式仅在时基模式为"XY"时有效。

2. 指针式万用表

图 2-23 所示为指针式万用表。

图 2-23　指针式万用表

使用方法及注意事项如下：

（1）机械零位调整：使用前应首先检查指针是否在零位，若不在零位，调整零位调整器，将指针调至零位。

（2）正确连接表笔：红表笔应插入标有"＋"的插孔，黑表笔插入标有"－"的插孔。测直流电流和直流电压时，红表笔连接被测电压、电流的正极，黑表笔接负极。用欧姆挡"Ω"判断二极管的极性时，注意"＋"插孔接表内电池的负极，"－"插孔接表内电池的正极。

（3）测量电压时，万用表应与被测电路并联；测量电流时，要把被测电路断开，将万用表串联接在被测电路中。注意：测量电流时应估计被测电流的大小，选择正确的量程，MF500 型万用表的熔丝为 0.3～0.5 A，被测电流不能超过此值。某些万用表有 10 A 的挡位，可以用来测量较大电流。

（4）量程转换：应先断电，绝对不容许带电换量程；根据被测量放在正确的位置，切不可使用电流挡或欧姆挡测电压，否则会损坏万用表。

（5）合理选择量程挡：测量电压、电流时，应使表针偏转至满刻度的 1/2 或 2/3 以上；测量电阻时，应使表针偏转至中心刻度附近（电阻挡的设计是以中心刻度为标准的）。测交流电压、电流时，注意被测量必须是正弦交流电压、电流，而被测信号的频率也不能超过说明书上的规定。测 10 V 以下的交流电压时，应该用 10 V 专用刻度标识读数，它的刻度是不等距的。

(6)测电阻时，应先进行电表调零。方法是将两表笔短路，调节"调零"旋钮使指针指在零点(注意欧姆的零刻度在表盘的右侧)。如调不到零点，说明万用表内电池电压不足，需要更换新电池。测量大电阻时，两手不能同时接触电阻，防止人体电阻与被测电阻并联造成测量误差。每变换一次量程，都要重新调零。如果以上方法不能调零，有可能万用表的绕线电阻(阻值约为几欧的电阻)烧断，需拆开进行维修并校正。在表盘上有多条刻度线，对应不同的被测量，读数时要在相应的刻度线上读取数值。为提高测量精度，尽量使指针处于中间位置。

测量值的读取：将测量时指针所标识的读数乘以量程倍率，才是所测之值。测量电阻时注意手不要接触两表笔或被测电阻的金属端，以免引入人体感应电阻，使读数减小，尤其是对于 $R \times 10 \text{ k}$ 挡测试影响较大。

(7)万用表使用完毕，将转换开关放在交流电压最大挡位，避免损坏仪表。

(8)万用表长期不用时，应取出电池，防止电池漏液，腐蚀和损坏万用表内零件，万用表的电池有普通 5 号(1.5 V)和层叠电池(9 V)两种。其中 9 V 用于测量 10 kΩ 以上的电阻和判别小电容的漏电情况。

(9)由于万用表的电阻挡 $R \times 10 \text{ k}$ 采用 9 V 电池，不可检测耐压值很低的元件。

3. DM3068 数字万用表

DM3068 是一款 $6\frac{1}{2}$ 位双显数字万用表，它是针对高精度、多功能、自动测量的用户需求而设计的产品，集数字万用表基本测量功能、多种数学运算、任意传感器测量等功能于一身。DM3068 拥有高清晰度的 256×64 点阵单色液晶显示屏、易于操作的键盘布置、清晰的按键背光和操作提示，使其更具灵活、易用的操作特点；标配 RS232、USB、LAN 和 GPIB 接口，并支持 U 盘存储、远程控制(Web 和 SCPI 命令)。

前面板示意如图 2-24 所示。

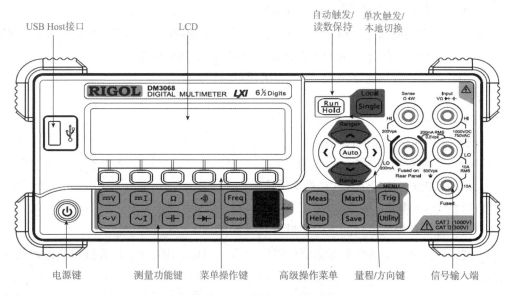

图 2-24 DM3068 前面板示意

(1)USB Host 接口。用于连接 U 盘。通过该接口可以将当前的系统配置或测量数据存储到 U 盘中，并可以在需要时读取 U 盘中已存储的配置或数据。

（2）LCD。高清晰度的 256×64 点阵单色液晶显示屏，显示当前功能的菜单和测量参数设置、系统状态以及提示消息等内容。

（3）自动触发/读数保持。按下该键可切换选择"自动触发"和"读数保持"功能。

自动触发：键灯常亮。万用表会配置当前所允许的最快速度，并读取读数值。

读数保持：键灯闪烁。万用表获得稳定的读数并保持在屏幕上显示。

（4）单次触发/本地切换。万用表处于本地模式时，按下该键选择单次触发，产生一个读数或指定个数（采样数）的读数，然后等待下一个触发。万用表处于远程模式时，按下该键将切换到本地模式。

（5）电源键。按下该键可启动或关闭万用表。可以设置该键的使用状态，方法如下：按 Utility ➝ System ➝ 配置 ➝ 前开关 ，选择"打开"或"关闭"。

（6）测量功能键。

1）基本测量功能键：

⌐⋯V⌐ 键：直流电压测量（DCV）。

⌐~V⌐ 键：交流电压测量（ACV）。

⌐⋯I⌐ 键：直流电流测量（DCI）。

⌐~I⌐ 键：交流电流测量（ACI）。

⌐Ω⌐ 键：电阻测量（OHM）。

⌐⊣⊢⌐ 键：电容测量（CAP）。

⌐•))⌐ 键：连通性测试（CONT）。

⌐➝⊢⌐ 键：二极管测试（DIODE）。

Freq 键：频率/周期测量（FREQ/PERIOD）。

Sensor 键：任意传感器测量（SENSOR）。支持的传感器类型包括 DCV、DCI、2WR、4WR、FREQ、TC（热电偶）、RTD（热电阻）、THERM（热敏电阻）。

2）常用功能键：可快速存储或调用 10 组仪器设置。

3）第二功能键。

①打开双显功能。

②配合 Preset 快速保存当前仪器配置。

③快速打开相对测量（REL）设置界面。

（7）菜单操作键。按下任一软键激活对应的菜单。

（8）高级操作菜单。

Meas 键：提供各种测量功能下的测量参数设置。

Math 键：对测量结果进行数学运算（统计、P/F、dBm、dB、相对）并提供实时趋势图和直方图。

Trig 键：提供自动触发、单次触发、外部触发、电平触发；可设置读数保持；可设置每次触发的采样数目、读数前的延迟时间和触发输入信号的边沿；可设置触发输出。

Utility 键：支持对内部存储区和外部 U 盘中的系统配置和测量数据等文件进行存储、调用和删除。

[Save] 键：可选择万用表支持的命令集；配置接口参数；设置系统参数；执行自检、查看系统信息和错误消息。

[Help] 键：提供常用操作的帮助信息以及如何使用在线帮助的方法。万用表提供前面板任一按键和菜单软键的使用帮助。

（9）量程/方向键。

[Auto] 键：按下该键启用自动量程。

[<] [>] 键：配置测量参数；参数输入时，用于选择光标位置。

[∧] [∨] 键：按上（下）方向键手动增大（减小）测量量程；参数输入时，用于输入不同的数值；用于翻页。

（10）信号输入端。被测信号（器件）通过该输入端接入万用表。

4. DG4000 系列函数/任意波形信号发生器

函数信号发生器是一种多波形信号源，它能产生某种特定的周期性时间函数波形，可输出很低频率的信号，也称为低频信号发生器或波形发生器。工作频率从几微赫兹到几十兆赫兹。一般能产生正弦波、方波和三角波，有的还可以产生锯齿波、矩形波（宽度和重复周期可调）、正负尖脉冲等波形。它能进行调频，因而可成为低频扫频信号源。函数信号发生器能在生产、测试、仪器维修和试验时作为信号源使用。

产生信号的方法有 3 种：第一种是用施密特电路产生方波，然后经变换得到三角波、正弦波；第二种是先产生正弦波再得到方波和三角波；第三种是先产生三角波再转换为方波和正弦波。

信号发生器分专用信号发生器和通用信号发生器。

专用信号发生器：电视信号发生器、编码信号发生器等。

通用信号发生器：正弦信号发生器、脉冲信号发生器、函数信号发生器等。

正弦信号发生器按产生信号的频段分：超低频信号发生器（0.000 1～1 Hz）、低频信号发生器（1 Hz～20 kHz 或 1 MHz 范围内，音频信号发生器为 20 Hz～20 kHz）、视频信号发生器（20 Hz～10 MHz）、高频信号发生器（200 kHz～30 MHz）、甚高频信号发生器（30 MHz～300 MHz，相当于米波波段）、超高频信号发生器（300 MHz 以上，相当于分米波、厘米波）。

DG4000 系列函数/任意波形信号发生器集函数发生器、任意波形发生器、脉冲发生器、谐波发生器、模拟/数字调制器、频率计等功能于一身，是一款经济型、高性能、多功能的双通道函数/任意波形发生器。

DG4000 前面板布局如图 2-25 所示。

（1）功能键说明。

1）电源键。用于开启或关闭信号发生器。当该电源键关闭时，信号发生器处于待机模式。只有拔下后面板的电源线，信号发生器才会处于断电状态。可以启用或禁用该按键自身的功能。启用时，仪器上电后，需要手动按下该按键启动仪器；禁用时，仪器上电后自动启动。

2）USB Host。支持 FAT 格式的 U 盘。读取 U 盘中的波形或状态文件，或将当前的仪器状态和编辑的波形数据存储到 U 盘中，也可以将当前屏幕显示的内容以指定的图片格式（.bmp）保存到 U 盘。

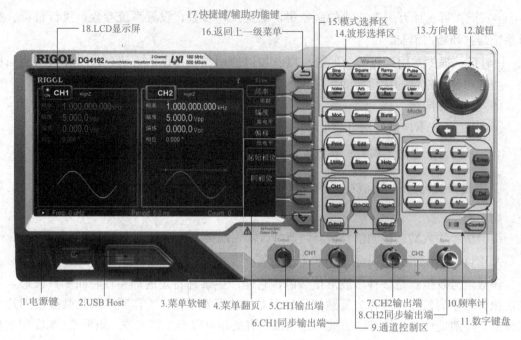

图 2-25 DG4000 前面板

3)菜单软键。与其左侧菜单一一对应,按下任一软键激活对应的菜单。

4)菜单翻页。打开当前菜单的上一页或下一页。

5)CH1 输出端。BNC 连接器,标称输出阻抗为 50 Ω。当 Output1 打开时(背灯变亮),该连接器以 CH1 当前配置输出波形。

6)CH1 同步输出端。BNC 连接器,标称输出阻抗为 50 Ω。当 CH1 打开同步时,该连接器输出与 CH1 当前配置相匹配的同步信号。

7)CH2 输出端。BNC 连接器,标称输出阻抗为 50 Ω。当 Output2 打开时(背灯变亮),该连接器以 CH2 当前配置输出波形。

8)CH2 同步输出端。BNC 连接器,标称输出阻抗为 50 Ω。当 CH2 打开同步时,该连接器输出与 CH2 当前配置相匹配的同步信号。

9)通道控制区。

CH1:选择通道 CH1。选择后,背灯变亮,用户可以设置 CH1 的波形、参数和配置。

CH2:选择通道 CH2。选择后,背灯变亮,用户可以设置 CH2 的波形、参数和配置。

Trigger1:CH1 手动触发按键,在扫频或脉冲串模式下,用于手动触发 CH1 产生一次扫频或脉冲串输出(仅当 Output1 打开时)。

Trigger2:CH2 手动触发按键,在扫频或脉冲串模式下,用于手动触发 CH2 产生一次扫频或脉冲串输出(仅当 Output2 打开时)。

Output1:开启或关闭 CH1 的输出。

Output2:开启或关闭 CH2 的输出。

10)频率计。按下 Counter 键,开启或关闭频率计功能。频率计功能开启时,Counter 键背灯变亮,左侧指示灯闪烁。若屏幕当前处于频率计界面,则再次按下该键关闭频率计功能;若屏幕当前处于非频率计界面,则再次按下该键切换到频率计界面。

11)数字键盘。用于输入参数,包括数字键 0 至 9、小数点".", 符号键"+/−"、按键

Enter、Cancel 和 Del。注意，要输入一个负数，需在输入数值前输入一个符号"－"。此外小数点"."还可以用于快速切换单位，符号键"＋/－"用于切换大小写。

12）旋钮。在参数设置时，用于增大（顺时针）或减小（逆时针）当前突出显示的数值。在存储或读取文件时，用于选择文件保存的位置或用于选择需要读取的文件。在输入文件名时，用于切换软键盘中的字符。在定义 User 按键快捷波形时，用于选择内置波形。

13）方向键。在使用旋钮和方向键设置参数时，用于切换数值的位。在文件名输入时，用于移动光标的位置。

14）波形选择区。

Sine——正弦波。提供频率从 1 μHz 至 160 MHz 的正弦波输出。选中该功能时，按键背灯将变亮。可以改变正弦波的"频率/周期""幅度/高电平""偏移/低电平"和"起始相位"。

Square——方波。提供频率从 1 μHz 至 50 MHz 并具有可变占空比的方波输出。选中该功能时，按键背灯将变亮。可以改变方波的"频率/周期""幅度/高电平""偏移/低电平""占空比"和"起始相位"。

Ramp——锯齿波。提供频率从 1 μHz 至 4 MHz 并具有可变对称性的锯齿波输出。选中该功能时，按键背灯将变亮。可以改变锯齿波的"频率/周期""幅度/高电平""偏移/低电平""对称性" 和"起始相位"。

Pulse——脉冲波。提供频率从 1 μHz 至 40 MHz 并具有可变脉冲宽度和边沿时间的脉冲波输出。选中该功能时，按键背灯将变亮。可以改变脉冲波的"频率/周期""幅度/高电平""偏移/低电平""脉宽/占空比""上升沿""下降沿"和"延迟"。

Noise——噪声。提供带宽为 120 MHz 的高斯噪声输出。选中该功能时，按键背灯将变亮。可以改变噪声的"幅度/高电平"和"偏移/低电平"。

Arb——任意波。提供频率从 1 μHz 至 40 MHz 的任意波输出。支持逐点输出模式。可输出内建 150 种波形：直流、Sine、指数上升、指数下降、心电图、高斯、半正矢、洛伦兹、脉冲和双音频等。也可以输出 U 盘中存储的任意波形，还可以输出用户在线编辑（16kpts）或通过 PC 软件编辑后下载到仪器中的任意波形。选中该功能时，按键背灯将变亮。可改变任意波的"频率/周期""幅度/高电平""偏移/低电平"和"起始相位"。

Harmonic——谐波。提供频率从 1 μHz 至 80 MHz 的谐波输出。可输出最高 16 次谐波。可以设置谐波的"谐波次数""谐波类型""谐波幅度"和"谐波相位"。

User——用户自定义波形键。用户可以将该按键定义为最常用的内建波形的快捷键（Utility 用户键），此后便可以在任意操作界面，按下该键快速打开所需的内建波形并设置其参数。

15）模式选择区。

Mod——调制。可输出经过调制的波形，提供多种模拟调制和数字调制方式，可产生 AM、FM、PM、ASK、FSK、PSK、BPSK、QPSK、3FSK、4FSK、OSK 和 PWM 调制信号。支持"内部"和"外部"调制源。

Sweep——扫频。可产生"正弦波""方波""锯齿波"和"任意波（DC 除外）"的扫频信号。支持"线性""对数"和"步进"3 种扫频方式。支持"内部""外部"和"手动"3 种触发源。提供"标记"功能。选中该功能时，按键背灯将变亮。

Burst——脉冲串。可产生"正弦波""方波""锯齿波""脉冲波"和"任意波（DC 除外）"的脉冲串输出。支持"N 循环""无限"和"门控"3 种脉冲串模式。"噪声"也可用于产生门控脉冲串。支持"内部""外部"和"手动"3 种触发源。选中该功能时，按键背灯将变亮。注意，当仪器工作在远程模式时，该键用于返回本地模式。

16）返回上一级菜单。该按键用于返回上一级菜单。

17）快捷键/辅助功能键。

Print——打印功能键。执行打印功能，将屏幕以图片形式保存到 U 盘。

Edit——编辑波形快捷键。该键是"Arb 编辑波形"的快捷键，用于快速打开任意波编辑界面。

Preset——恢复预设值。用于将仪器状态恢复到出厂默认值或用户自定义状态。

Utility——辅助功能与系统设置。用于设置辅助功能参数和系统参数。

Store——存储功能键。可存储/调用仪器状态或者用户编辑的任意波数据。支持常规文件操作。内置一个非易失性存储器（C 盘），并可外接一个 U 盘（D 盘）。选中该功能时，按键背灯将变亮。

Help——帮助。要获得任何前面板按键或菜单软键的上下文帮助信息，按下该键将其点亮后，再按下所需要获得帮助的按键。

18）LCD 显示屏。800×480 TFT 彩色液晶显示器，显示当前功能的菜单和参数设置、系统状态以及提示消息等内容。

（2）方向键和旋钮。

方向键 ◀ ▶ 功能包括：

1）在参数输入时，方向键用于移动光标以选择当前编辑的位。

2）在编辑文件名时，方向键用于移动光标的位置。

旋钮 ⬤ 功能包括：

1）在参数可编辑状态，旋转旋钮将以指定步进增大（顺时针）或减小（逆时针）参数。

2）在编辑文件名时，旋钮用于选中软键盘中不同的字符。

3）在 选择波形 → 内建波形 → Utility → 用户键 中，旋钮用于选中不同的任意波。

4）在存储与调用功能中，旋钮用于选择文件保存的位置或用于选择需要读取的文件。

（3）输出基本波形实例。信号发生器从 CH1 输出一个脉冲波形，频率为 1.5 MHz，幅度为 500 mVpp，DC 偏移为 5 mV$_{DC}$，脉宽为 200 ns，上升沿时间为 75 ns，下降沿时间为 100 ns，延时为 5 ns。

1）按 CH1 按键，背灯变亮，选中 CH1。

2）按 Pulse 按键，背灯变亮，选中 Pulse 波形。

3）按"频率/周期"软键使"频率"突出显示，数字上方的亮点表示光标处于当前位（图 2-26）。使用数字键盘或方向键和旋钮输入频率的数值"1.5"。在弹出的菜单中选择所需的单位"MHz"。

4）按 幅度/高电平 软键使"幅度"突出显示，数字上方的亮点表示光标处于当前位。使用数字键盘或方向键和旋钮输入幅度的数值"500"。在弹出的菜单中选择所需的单位"mVpp"。

5）按 偏移/低电平 软键使"偏移"突出显示，数字上方的亮点表示光标处于当前位。使用数字键盘或方向键和旋钮输入偏移的数值"5"。在弹出的菜单中选择所需的单位"mV$_{DC}$"。

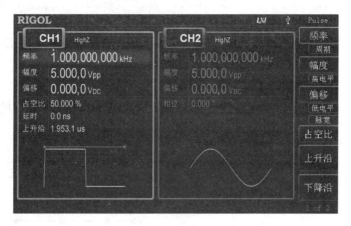

图 2-26 设置波形参数

6) 按 脉宽/占空比 软键使"脉宽"突出显示，数字上方的亮点表示光标处于当前位。使用数字键盘或方向键和旋钮输入数值"200"。在弹出的菜单中选择单位"nsec"。此时，脉冲占空比随之改变。

7) 按 上升沿 软键使"上升沿"突出显示，数字上方的亮点表示光标处于当前位。使用数字键盘或方向键和旋钮输入数值"75"。在弹出的菜单中选择单位"nsec"。

按 下降沿 软键使"下降沿"突出显示，数字上方的亮点表示光标处于当前位。使用数字键盘或方向键和旋钮输入数值"100"。在弹出的菜单中选择单位"nsec"。

8) 按延时软键使其突出显示，数字上方的亮点表示光标处于当前位。使用数字键盘或方向键和旋钮输入数值"5"。在弹出的菜单中选择单位"nsec"。

9) 按 Output1 键打开 CH1 的输出。此时，CH1 输出具有指定参数的波形。将 CH1 输出端连接到示波器可以观察到图 2-27 所示波形。

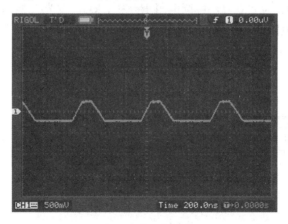

图 2-27 输出脉冲波形

稳压电路设计与分析

图 2-28 所示为稳压二极管简易电路，此电路利用稳压二极管的稳压特性实现稳压，但

输出电流很小。

　　图 2-29 所示为改进稳压电路，利用稳压二极管的稳压特性实现稳压，可输出较大的电流。

　　填写项目二工单 4(见附录一)。

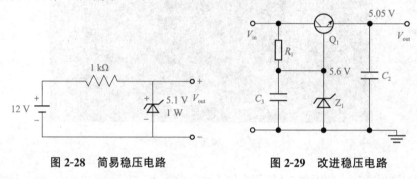

图 2-28　简易稳压电路　　　　　　图 2-29　改进稳压电路

发光二极管调光电路设计与分析

　　(1)不同颜色的发光二极管的正向工作电压(即 V_F)有所不同，通常在 20 mA 的恒流标准工作电流(即 I_F)情况下：

　　红色、黄绿色、草绿色、黄色、橙色、琥珀色的工作电压是 1.8～2.4 V；蓝色、翠绿色、粉红色、紫色、白色的工作电压是 2.8～3.4 V。

　　发光二极管与小白炽灯泡和氖灯相比的优点是：工作电压(V_F)很低 ；工作电流(I_F)很小 ；抗冲击和抗震性能好，可靠性高，寿命长；节能，环保；通过调整通过的电流大小可实现调整发光二极管的发光强弱。

　　(2)调光电路。图 2-30 所示为发光二极管的调光电路。其中直流稳压电源选择 0～12 V 电压可调，限流电阻 R_X 为 220 Ω，可调电阻 R_P 为 1 kΩ，发光二极管颜色可选。通过调整直流稳压电源和可调电阻的方法来改变发光二极管的亮度。

　　填写项目二工单 5(见附录一)。

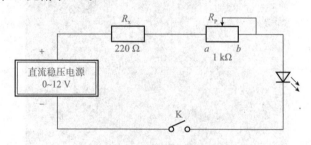

图 2-30　发光二极管的调光电路

项目三 线性直流稳压电源

>> **学习目标**

1. 知识目标

(1)掌握直流稳压电源分类和原理;

(2)掌握固定三端直流稳压电源常用芯片及应用电路;

(3)掌握可调三端集成稳压电源常用芯片及应用电路;

(4)了解开关电源技术及应用。

2. 能力目标

(1)熟练使用各种仪器仪表;

(2)能独立完成固定输出的直流稳压电源性能指标测试;

(3)能独立完成可调输出的直流稳压电源性能指标测试;

(4)能够完成线性直流稳压电源的设计及器件选择;

(5)能绘制直流稳压电路原理图。

3. 素养目标

(1)提升对电源的电路测试及分析能力;

(2)培养团队合作意识;

(3)提高解决电源电路故障的能力;

(4)提升线性直流稳压电源、开关电源的电路设计能力。

项目导学

在电子领域,人们经常会用到稳压电源,你知道稳压电源的发展历史吗?

稳压电源的历史可追溯到 19 世纪,爱迪生发明电灯时,曾考虑过稳压器,到 20 世纪初,有了铁磁稳压器以及相应的技术文献,电子管问世不久,有人设计了电子管直流稳压器。20 世纪 40 年代后期,电子器件与磁饱和元件相结合,构成了电子控制的磁饱和交流稳压器。20 世纪 50 年代,晶体管的诞生使晶体管串联调整稳压电源成了直流稳压电源的中心。20 世纪 60 年代后期,科研人员对稳定电源技术做了新的总结,使开关电源、可控硅电源得到快速发展,与此同时,集成稳压器也不断发展。

直至今日,在直流稳压电源领域,以电子计算机为代表的要求供电电压低、电流大的电源大都由开关电源担任;要求供电电压高、电流大的设备的电源由可控硅电源代之;小电流、低电压电源都采用集成稳压器。

在交流稳压电源领域,铁磁谐振式和电子反馈调控式两类技术也在不断发展。铁磁谐振式的发展历程大致如下:

20 世纪 50 年代磁饱和稳压器→六七十年代磁泄放式恒压变压器(CVT)→80 年代中期运用磁补偿形式的第 1 代参数稳压器→90 年代中期第 2 代参数稳压器→21 世纪初第 3 代参数稳压器。

电子反馈调控式的发展历程大致如下：

20 世纪 50 年代电子管调控磁放大式(614)交流稳压器→六七十年代电子调控自耦滑动式(SVC)交流稳压器、自动感应式调节稳压器→80 年代中期电子调控的有触点补偿式交流稳压器、正弦能量分配器式净化电源→90 年代中期数控有级的无触点补偿式交流稳压器，改进型的第 2、3 代净化电源→21 世纪初利用逆变器作为补偿的无级、无触点补偿式交流稳压器、新型的净化稳压电源。

本项目主要包括知识储备、知识实践、知识拓展、知识提高四个单元，具体框架如下：

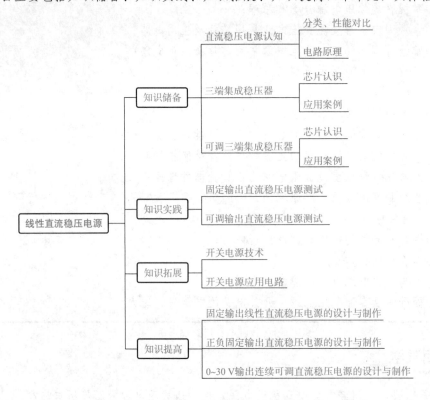

单元一　直流稳压电源认知

一、直流稳压电源

能使电路中形成恒定电流的装置称为直流电源，如干电池、蓄电池、直流发电机等。

直流电源有正负两个电极，正极的电势高，负极的电势低；当两个电极与电路连通后，直流电源能维持两个电极之间的恒定电势差，从而在外电路中形成由正极到负极的恒定电流。

直流电源按习惯可分为化学电源、线性稳定电源和开关型直流稳压电源，它们又分别具有各种不同类型。

1. 化学电源

人们平常所用的干电池、铅酸蓄电池、镍镉电池、镍氢电池、锂离子电池均属于这一类，各有其优缺点。随着科学技术的发展，又产生了智能化电池；在充电电池材料方面，美国研制人员发现了锰的一种碘化物，用它可以制造出价格低、小巧、放电时间长、多次充电后仍保持性能良好的环保型充电电池。

2. 线性稳定电源

线性稳定电源有一个共同的特点，就是它的功率器件调整管工作在线性区，靠调整管之间的电压降来稳定输出。由于调整管静态损耗大，需要安装一个很大的散热器用于散热。而且由于变压器工作在工频(50 Hz)上，因此质量较大。

该类电源的优点是稳定性高，纹波小，可靠性高，易做成多路、输出连续可调的成品。缺点是体积大、较笨重、效率相对较低。这类稳定电源又有很多种，从输出性质可分为稳压电源、稳流电源及集稳压、稳流于一身的稳压稳流(双稳)电源。从输出值来看可分为定点输出电源、波段开关调整式和电位器连续可调式几种。从输出指示上可分为指针指示型和数字显示式型等。

3. 开关型直流稳压电源

与线性稳定电源不同的一类稳压电源是开关型直流稳压电源(简称开关电源)，它的电路形式主要有单端反激式、单端正激式、半桥式、推挽式和全桥式。它和线性稳定电源的根本区别在于其变压器工作在几十千赫兹到几兆赫兹。功率管工作在饱和及截止区，即开关状态，开关电源因此而得名。

开关电源的优点是体积小、质量小、稳定可靠，缺点是相对于线性电源来说纹波较大[一般≤1%V_o(P−P)，好的可做到十几 mV(P−P)或更小]。它的功率范围为几瓦～几千瓦，价位为 3 元/瓦～十几万元/瓦。下面介绍几种开关电源。

(1)AC/DC 电源。该类电源也称一次电源，它自电网取得能量，经过高压整流滤波得到一个直流高压，经 DC/DC 变换器在输出端获得一个或几个稳定的直流电压，功率从几瓦到几千瓦不等，用于不同场合。属此类产品的规格型号繁多，根据用户需要而定。通信电源中的一次电源(AC220 V 输入，DC48 V 或 24 V 输出)也属于此类。

(2)DC/DC 电源。在通信系统中也称二次电源，它是由一次电源或直流电池组提供一个直流输入电压，经 DC/DC 变换器变换以后在输出端获得一个或几个直流电压。

(3)通信电源。通信电源实质上是 DC/DC 变换器式电源，只是它一般以直流 48 V 或 24 V 供电，并用后备电池作 DC 供电的备份，将 DC 的供电电压变换成电路的工作电压，一般它又分中央供电、分层供电和单板供电三种，以后者可靠性最高。

(4)电台电源。电台电源输入电压为 AC220 V/110 V，输出为 DC13.8 V，功率由所供电台功率而定，几瓦到几百瓦均有产品。为防止 AC 电网断电影响电台工作，而需要有电池组作为备份，所以此类电源除输出一个 13.8 V 直流电压外，还具有对电池充电自动转换功能。

(5)模块电源。随着科学技术飞速发展，对电源可靠性、容量/体积比要求越来越高，模块电源越来越显示其优越性，它工作频率高、体积小、可靠性高，便于安装和组合扩容，因此越来越被广泛采用。目前，国内虽有相应模块生产，但因生产工艺未能赶上国际水平，故障率较高。

DC/DC 模块电源目前虽然成本较高，但从产品漫长的应用周期的整体成本来看，特别是从因系统故障而导致的高昂的维修成本及商誉损失来看，选用该电源模块还是合算的，在此还值得一提的是罗氏变换器电路，它的突出优点是电路结构简单，效率高和输出电压、电流的纹波值接近零。

二、电路原理

1. 直流稳压电源的组成

一般直流稳压电源的组成如图 3-1 所示。

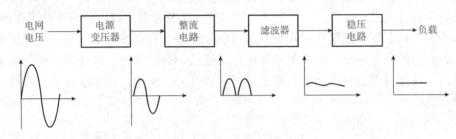

图 3-1　直流稳压电源的组成

现将图中各个组成部分的作用分别说明如下。

（1）电源变压器。电网提供的交流电一般为 220 V（或 380 V），而各种电子电气设备所需要的直流电压幅值却各不相同。因此，常常需要将电网电压先经过电源变压器，然后将变换以后的次级电压再去整流、滤波和稳压，最后得到所需要的直流电压幅值。

（2）整流电路。整流电路的作用是利用具有单向导电性能的整流元件，将正负交替的正弦交流电压整流成为单方向的脉动电压。但是，单向脉动电压包含很大的脉动成分，距理想的直流还差得很远。

（3）滤波器。滤波器由电容、电感等储能元件组成，它的作用是尽可能将单向脉动电压中的脉动成分滤掉，使输出电压成为比较平滑的直流电压。但是，当电网电压或负载电流发生变化时，滤波输出的直流电压的幅值也将随之而变化，在要求比较高的电子电器设备中，这种情况是不符合要求的。

（4）稳压电路。稳压电路的作用是采取某些措施，使输出的直流电压在电网电压或负载电流发生变化时保持稳定。

2. 认识变压器

（1）变压器的作用。变压器是许多电器中不可缺少的一种电子元件，如录音机、电视机、音响、空调、充电器等都要用到变压器。变压器在电路中通常有以下作用：

1）能将 220 V 交流电压变成低电压，为电路提供低压电源的变压器称为电源变压器，在家用电子产品中应用普遍。

2）在有多级放大的电子电路中作级间匹配用，适应各级电路阻抗匹配的变压器称为匹配变压器。

3）在电路各级间耦合传递交流信号，同时起隔离直流作用的变压器称为耦合变压器。

下面将重点讲述电源变压器的参数与应用知识。

（2）变压器基本原理。电感线圈的互感现象如图 3-2 所示。

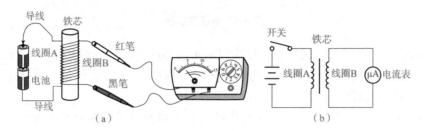

图 3-2　线圈的互感现象

按图将电池、开关、线圈 A 连接起来；万用表置微电流挡，两表笔与线圈 B 连接；线圈 A 瞬间与电池接通、断开，多次反复进行，就可看到表针摆动，表明线圈 B 中有电流流动。想一想，线圈 A 与线圈 B 相互绝缘，电源只是加在线圈 A 上，为什么线圈 B 会产生电流呢？原来在开关接通一瞬间，电源便使线圈 A 从无到有、从小到大地产生变化电流。根据"电生磁"原理，线圈 A 将随之产生从无到有、从弱到强的感应磁场。线圈 A 的磁场必然穿过线圈 B。再根据"磁生电"原理，线圈 B 又产生感应电压，与电流表构成闭合回路便形成电流使电流表表针摆动。

上述一个线圈电流变化引起另一个线圈产生感应电流的现象叫作互感现象。互感产生的电压称为互感电压。互感现象表明，通入电流和产生感应电压发生在两个或多个线圈之间，变压器就是利用互感原理设计制造的。

进一步试验，将万用表调到 10 V 交流电压挡或 2.5 V 直流电压挡，间断地用导线碰触电池与线圈 A，同样可看到表针摆动，证实因互感作用在线圈 B 上产生了感应电压，如果将铁芯抽出，这时无论是测量线圈 B 的电流还是电压，表针摆动幅度比有铁芯时小得多，表明铁芯有聚集磁场、增强互感的作用。如果用图形符号代替实物，就可将图 3-2（a）画为图 3-2（b）。

（3）电源变压器。图 3-3 所示是一个电源变压器，从外表看，变压器是由线圈组成的，继续观察图 3-3，发现它有 A、B、C、D 四个引脚，每个引脚各接有一个线头，仔细观察还能发现，A、B 线头的线径相同，C、D 线头的线径相同，则 A、B 必定是一个线圈的两个端子，而 C、D 必定是另一个线圈的两个端子。这表明这个变压器是由两个线圈构成的，实际上电源变压器就是由两个或两个以上彼此绝缘且相互靠近的线圈构成的。

（4）测量电源变压器的电阻和电压。

1）测量电源变压器的直流电阻。将万用表调到 $R \times 10$ 挡，测量变压器四个引脚间的电阻值，就会发现 A—B 间电阻值较大、C—D 间电阻值很小。A—C 或 B—D 之间的电阻值为无穷大，表明两个线圈相互绝缘。

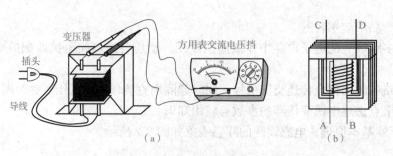

图 3-3　电源变压器

A—B 线圈的电阻较大，表明 A—B 线圈的匝数多或使用的导线细。C—D 线圈的电阻小，说明 C—D 线圈的匝数少或使用的导线粗。可用图 3-3(b) 所示的结构示意图来表示 A—B 线圈和 C—D 线圈。

2) 测量变压器的交流电压。在 A—B 线圈两个引脚上焊接带有插头的导线，并用绝缘胶布包扎好引脚 A 和 B。在保证安全的前提下，将插头插入 220 V 的交流电源插座中。接着把万用表调到 50 V 交流电压挡，用两支表笔分别接变压器 C、D 引脚，指针就指示出交流电压值。这表明变压器能将一个线圈加入的较高的交流电压转变为另一个线圈的交流电压。220 V 较高的电压是送入变压器内的，常称为输入电压，与之连接的线圈称为初级线圈；而另一线圈的交流电压是向外送出的，称为变压器的输出电压，该线圈称为次级线圈。

(5) 电源变压器的图形符号。变压器由一个初级线圈、一个或多个次级线圈和铁芯构成。变压器的电路图符号如图 3-4 所示。

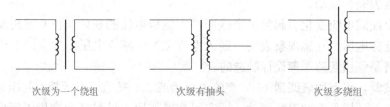

次级为一个绕组　　　　　　次级有抽头　　　　　　次级多绕组

图 3-4　常见的电源变压器电路图符号

变压器常用描述如图 3-5 所示。

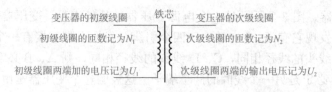

变压器的初级线圈　　　铁芯　　　变压器的次级线圈

初级线圈的匝数记为 N_1　　　次级线圈的匝数记为 N_2

初级线圈两端加的电压记为 U_1　　　次级线圈两端的输出电压记为 U_2

图 3-5　描述变压器

(6) 变压器的主要参数。

1) 变压比。变压比就是变压器次级、初级线圈匝数比或次级、初级电压比。图 3-5 中，两个线圈的匝数不相同，将初级线圈匝数记为 N_1，将次级线圈匝数记为 N_2，将初级输入电压记为 U_1，次级输出电压记为 U_2。

变压器次级、初级线圈的匝数之比等于次级、初级线圈的电压之比。这个比值就称为变压器的变压比，是一个具体的数值，用 n 表示，变压比可用公式表示为

$$n = \frac{N_2}{N_1} = \frac{U_2}{U_1}$$

由上式可知，当某个变压器的变压器的变压比 $n > 1$ 时，说明次级线圈的匝数比初级线圈的匝数多，次级输出的电压比初级输入的电压高，这个变压器就是一个升压变压器；当某个变压比 $n < 1$ 时，这个变压器就是一个降压变压器；当变压比 $n = 1$ 时，说明初、次级线圈的匝数相等，初、次级线圈的电压相同，这个变压器是一个隔离变压器。

2)变压器的功率。变压器可以传递交流电功率，一方面是输入功率，指变压器承受输入功率的大小；另一方面是输出功率，指变压器能够供给负载功率的大小。

①变压器的输入功率。应用变压器时，常在输入线圈加上一定电压，称为输入电压，用 U_1 表示；产生的电流，称为输入电流，用 I_1 表示；产生的功率，称为输入功率，用 P_1 表示。在实际中，变压器输入功率与输入电流、输入电压成正比，用公式表示为

$$P_1 = U_1 \times I_1$$

其中，输入电流 I_1 的单位为 A(安培)；输入电压 U_1 的单位为 V(伏特)；输入功率 P_1 的单位为 W(瓦特)。

变压器的输入功率 P_1 就是电源供给变压器的电能，功率大，电源供给变压器的电能就多；功率小，电源供给变压器的电能就少。

②变压器的输出功率。变压器的次级电压称为输出电压，用 U_2 表示；输出电压加在负载两端形成一定电流，称为输出电流，用 I_2 表示；产生的功率称为输出功率，用 P_2 表示。实践证明，变压器的输出功率与输出电压、输出电流成正比，用公式表示为

$$P_2 = U_2 \times I_2$$

其中，输出电流 I_2 的单位为 A；输出电压 U_2 的单位为 V；输出功率 P_2 的单位为 W。

实际选用变压器时，必须保证变压器的输入功率等于或大于负载功率。在不能满足负载所需的电功率情况下，如果强行使用，变压器不会正常工作甚至损坏。使用时，一定要注意变压器功率这一重要参数。

③变压器的效率。变压器有输入功率 P_1、输出功率 P_2 和损耗功率 P_S。三者之间存在如下关系，即

$$P_1 = P_2 + P_S$$

这表明，输出功率只是输入功率的一部分，因为变压器本身要将输入功率损耗掉一部分。变压器将输入功率转化为输出功率的多少，用效率(η)来描述，用公式表示为

$$\eta = \frac{P_2}{P_1} \times 100\%$$

任何变压器在传输电能时都要损耗电能，主要是磁滞损耗和涡流损耗。变压器初、次级线圈电阻也会产生损耗。线圈导通电流时，导线电阻要产生热量，将一部分电能损耗在铜质线圈上，称为铜损，涡流损耗称为铁损。尽管变压器存在着铜损和铁损，但变压器能将初级线圈输入功率的绝大部分传送到次级线圈输出。

变压器的效率与变压器的功率大小有密切关系，功率越大，效率越高，反之亦然。变压器效率与功率的关系见表 3-1。

表 3-1　变压器效率与功率的关系

功率 P_2/W	<10	10~30	25~50	50~100	100~200	>200
效率 η/%	60~70	70~80	80~85	85~90	90~95	95

变压器功率小于 10 W 时，传输效率只有 60%~70% ，30%~40% 的电能被损耗掉，表明小功率变压器传输效率很低。

3. 整流电路

单相整流电路一般分为单相半波整流电路和单相全波（桥式）整流电路。

（1）单相半波整流电路。图 3-6 所示的电路是电阻负载的单相半波整流电路。图中 T 为电源变压器，D 为整流二极管，R_L 是负载。在变压器次级电压 U_2 的正半周期间（上正下负）二极管正偏导通，电流经过二极管流向负载，在 R_L 上得到一个极性为

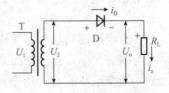

图 3-6　单相半波整流电路

上正下负的电压；而在 U_2 的负半周期间，二极管反偏截止，电流基本为零，因此负载电阻 R_L 两端得到的电压极性是单方向的，即为直流。

正半周时，二极管导通，流过二极管的电流 i_D 和流过负载的电流 i_o 是相等的，即 $i_D = i_o$。负半周时，二极管截止，因此流过二极管的电流和流过负载的电流为零，负载电阻上没有输出电压。此时二极管承受一个反向电压，其值就是变压器次级电压最大值 U_P。综上所述，整流电路中各处的波形如图 3-7 所示，由图可知，由于二极管的单向导电作用，变压器次级的交流电压变换成负载两端的单向脉动电压，达到了整流的目的。因为这种电路只在交流电的半个周期内才有电流流过负载，所以称为单相半波整流电路。

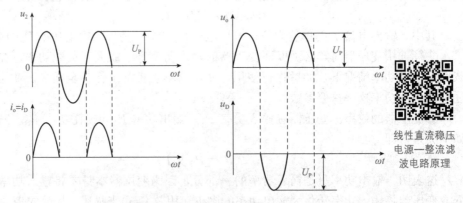

线性直流稳压电源—整流滤波电路原理

图 3-7　单相半波整流波形

在分析整流电路的性能时，主要考虑以下几项参数：输出直流电压 U_o、整流输出电压脉动系数、整流二极管正向平均电流 i_D 和最大反峰电压 U_{RM}（$U_{RM}=U_P$）。前两项参数体现了整流电路的质量，后两项参数体现了整流电路对二极管的要求，可以根据后面两项参数来选择适用的器件。

1）输出直流电压 U_o。根据数学计算，单相半波整流电路输出直流电压与变压器次级交流电压可用下面的关系表示。

$$U_o = 0.45U_2$$

上式说明，经半波整流后，负载上得到的直流电压只有次级电压有效值的45％。如果考虑整流管的正向内阻和变压器内阻上的压降，则 U_o 数值更低。

2）整流输出电压脉动系数。经数学计算，单相半波整流电路输出电压的脉动系数 $S=1.57$，说明脉动成分很大。

3）二极管正向平均电流 i_D。温升是决定半导体使用极限的一个重要指标，整流二极管的温升与通过二极管的有效值有关，但由于平均电流是整流电路的主要工作参数，在出厂时已经将二极管的允许温升折算成半波整流的平均值，在器件手册中给出。

在半波整流电路中，二极管的电流任何时候都等于输出电流，所以两者的平均电流也相等，即 $i_D=i_o$。当负载电流已知时，可以根据 i_o 来选定二极管的 i_D。

4）二极管最大反峰电压 U_{RM}。每只整流管的最大反峰电压 U_{RM} 是指整流管不导电时，在它两端出现的最大反向电压。应选比 U_{RM} 数值高的二极管，以免被击穿。由图3-7很容易看出，整流二极管承受的最大反峰电压就是变压器次级电压的最大值，即 $U_{RM}=U_P$。

（2）单相全波（桥式）整流电路。图3-8所示为桥式整流电路，电路中采用了四只二极管，互相接成桥式，故称桥式整流电路，电路常采用的三种画法如图3-8所示。

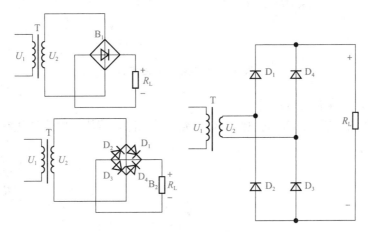

图3-8　桥式整流电路及几种常用的画法

整流过程中，四只二极管两两轮流导电，因此正负半周内都有电流流过 R_L，从而使输出电压的直流成分提高，脉动系数降低。在 U_2 的正半周（假定为上正下负），D_1、D_2 导通，D_3、D_4 截止；负半周（上负下正），D_3、D_4 导通，D_1、D_2 截止。无论在下半周还是负半周，流过 R_L 的电流方向是一致的。桥式整流电路的波形如图3-9所示。

1）桥式整流电路的输出电压 U_o。$U_o=0.9U_2$，电路输出的直流电压提高了1倍。

2）脉动系数 $S=0.67$。与半波整流电路相比，脉动系数降低了很多。

3）流过二极管的平均电流 i_D。$i_D=\dfrac{1}{2}i_o$。

4）截止的二极管承受的反向电压 U_{RM}。$U_{RM}=U_P$。

结论：整流的目的是利用二极管的单向导电作用将交流电压变换成单向脉动电压。最简单的电路是单相半波整流电路，全波整流电路可以由四只二极管组成的桥式整流电路实现。

4. 滤波电路

无论哪种整流电路，它们的输出电压都含有较大的脉动成分。除了一些特殊场合可以直接用作电源，通常需要采取一定的措施，一方面尽量降低输出电压中的脉动成分，另一方面又要尽量保留其中的直流成分，使输出电压接近理想的直流电压。这样的措施就是滤波。电容和电感都是基本的滤波元件，我们当前要用到电容滤波，因此先介绍电解电容器件。

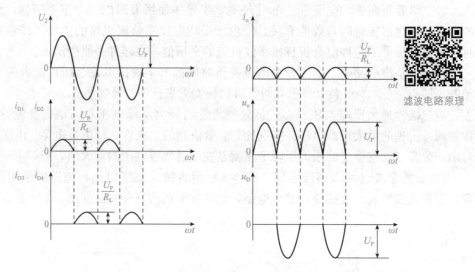

滤波电路原理

图 3-9　桥式整流电路波形

（1）介绍电解电容器基本知识。

1）认识电解电容器。图 3-10 中包含有各类电子元件，请从中挑选出电解电容器。

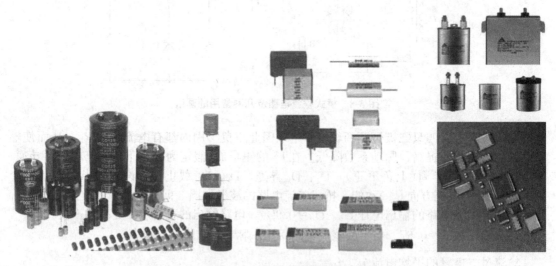

图 3-10　识别电解电容器

2）电解电容器常识。电解电容器由极板和绝缘介质构成，它的极板具有极性，一个极板为正极，另一个极板为负极，介质材料是很薄的金属氧化膜，极板与介质都浸润电解液，因此电解电容器两个电极有正负之分。电解电容器可按极板材料来分类，用铝膜作为极板就叫铝电解电容器，还有钽电解电容器和铌电解电容器，下面介绍常用的铝电解电容器。

①国产铝电解电容器的标记。图 3-11 所示为国产铝电解电容器，C 表示电容器，D 表

示电解质，2 200 μF 表示电容量，25 V 表示额定最高工作电压，负极用短线标记，长脚为正极，CD11 标记中前面的"1"表示薄式，后面的"1"为厂家产品系列，85 ℃ 为最高温度，电容器工作时不能超过此温度。

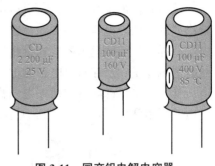

图 3-11　国产铝电解电容器

②铝电解电容器的特点。铝电解电容器突出的特点是有正负极之分，在应用时，一定要保证电解电容器正极电位高于负极电位。如果接反，铝氧化膜就表现为导体的特性，不具有绝缘性能，反而导通较大电流，导致电容器热膨胀爆炸。在应用时千万注意这一点。

常用电解电容器容量范围一般为零点几微法至几千微法，甚至更大的容量。耐压规格有 6.3 V、10 V、16 V、25 V、35 V、50 V、160 V、250 V、450 V 等。

3）电容器的特性。

①电容器的充、放电特性。当有电压加在电容器两端时，电容器将被充电，随充电时间延长，电容器两端电压升高，存储电能增加；当电容器两端接有负载电阻时，电容器将向电阻供电（或通过电阻放电），随着放电时间延长，电容器两端的电压下降。一般电路中使用电容器，就是利用了电容器的充、放电特性。

②电容器还具有隔直流、通交流的作用。这里暂不做介绍，将在后面的应用中学习。

4）电解电容器的电路图符号。电解电容器的电路图符号如图 3-12 所示。

新的画法 带+号一端为正极　　　传统画法 小矩形一端为正极

国外画法

图 3-12　电解电容器电路图符号

5）电解电容器的连接与代用。

①电容器的并联应用。在电解电容器的应用中，有时采用并联的方法以取得合适的电容量，电容器并联的总容量等于各个电容器容量之和，以额定电压较低的一个作为使用电压，如图 3-13 所示。

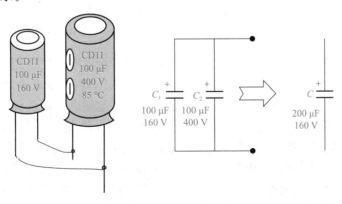

图 3-13　电容器并联应用

②电容器的串联应用。在电解电容器的应用中，为了满足耐压的需要，有时采用电容器串联的方法，电容器串联的总容量的倒数等于各个电容器容量倒数之和（跟电阻并联计算方法一样，如果两只电容器容量相等，则总容量为每只电容量的一半），两只电容器串联后总容量减少了；加在每只电容器上的电压与电容器的容量成反比，即容量高的电容器两端电压低，容量低的电容器两端电压高；为了使用方便，建议选用两只容量相等、耐压相同的电容器串联使用，如图 3-14 所示。

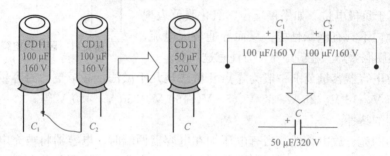

图 3-14　电解电容器串联应用

6)判别电解电容器质量的粗略方法。

①感观判别。从外部感观判别电容器的好坏，是指损坏特征较明显的电容器，如爆裂、电解质渗出、引脚锈蚀等情况，可以直接观察到损坏特征。

②万用表判别。用万用表的电阻挡判别是根据电容器的充电原理：在相同的电压下给电容器充电，容量大的起始充电电流大，容量小的起始充电电流小。电阻挡可通过观察指针偏转角度大小，判别起始充电电流的大小，如图 3-15 所示。

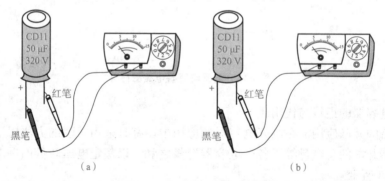

图 3-15　万用表判别电容器容量
(a)起始充电电流达到最大；(b)充电电流不断减小

具体判别方法是：取一只新电解电容器，它应与待检电容器规格相同，用这只新电解电容器作为基准；置万用表电阻挡 $R\times100$ Ω（或 $R\times1$ kΩ，视容量大小而定），先将电容器放电（无论原来是否充电），然后黑笔接电容器正极，红笔接电容器负极，可看到指针发生偏转（起始偏转角度最大，随充电进行指针回转，至无穷大附近，这是充电电流逐渐减小直至零的过程），粗略记下指针偏转最大位置；再将待检电容器放电（检测电容器之前先放电，是必须做的动作），然后黑笔接电容器正极、红笔接电容器负极，可看到指针发生偏转。与前一次进行比较，如果偏转最大位置基本一样，说明待检电容器的容量足够；如果偏转角度小于前面，则说明待检电容器容量下降，可考虑更换；如果指针基本不偏转，说明待检电容器容量消失，应更换相同规格的新电解电容器。

需要注意：对容量较大、电路工作电压较高的电解电容器放电时，尽量避免直接短路放电，因直接短路放电会产生很大的放电电流，产生的热量容易损坏电解电容器的极板和电极。应采用功率较大的电阻器，或借用电烙铁的电源插头(加热芯电阻)对准两引脚使电容器放电。

(2)电容滤波电路。电容滤波电路如图 3-16 所示，在负载电阻 R_L 上并联一只电容，就构成了电容滤波电路，在这里电容为什么能起滤波作用呢？下面进行分析。

图 3-17 是波形图，没有接电容时，整流二极管在 U_2 的正半周导通，负半周截止，输出电压 U_o 的波形如图 3-17 虚线所示。并联电容以后，假设在 $\omega t = 0$ 时接通电源，则当 u_2 由零逐渐增大时二极管 D 导通，通过二极管的电流向负载供电的同时，向电容 C 充电，电容器电压上正下负，如果忽略二极管的内阻，则 U_c 等于变压器次级电压 U_2。U_2 达到最大值后开始下降，此时电容上的电压也将由于放电而下降。当 $U_2 < U_C$ 时二极管反偏，于是 U_C 以一定的时间常数按指数规律下降，直到下一个正半周，当 $U_2 > U_C$ 时二极管又导通。输出电压的波形如图中实线所示。桥式整流电容滤波的原理与半波整流相同，其原理电路和波形如图 3-18 和图 3-19 所示。

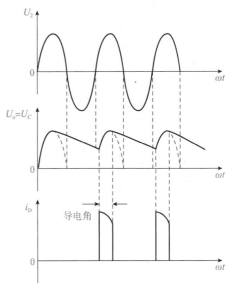

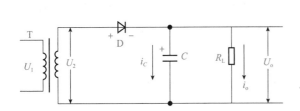

图 3-16　半波整流电容滤波电路

图 3-17　半波整流滤波波形图

根据以上分析，可以得到下面几个结论：

1)加了滤波以后，输出电压的直流成分提高了。在半波整流电路中，当不接电容时输出电压只有半个正弦波，负半周时二极管不导通，输出电压为零。并联电容后，即使二极管截止，由于电容通过 R_L 放电，输出电压也不为零，因此输出电压的平均值提高了。从图中可以看出，无论半波整流还是桥式整流，加上滤波电容以后，U_o 波形包围的面积显然比虚线部分的面积增大了。

输出电压的关系式为

$$U_o = 0.9U_2$$

半波整流滤波

$$C = (3 \sim 5)\frac{T}{2R_L}$$

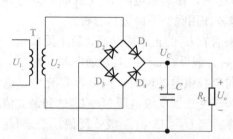

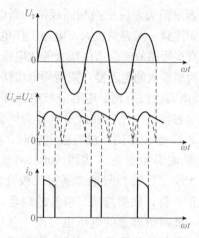

图 3-18　桥式整流滤波电路图　　　　　　图 3-19　桥式整流滤波电路波形图

其中 T 为交流电周期。

全波整流滤波

$$U_o = 1.2 - 1.4U_2$$

2）加了滤波电容以后，输出电压中的脉动成分降低了。

3）电容放电时间常数（$\tau = R_L C$）越大，放电过程越慢，则输出电压越高，脉动成分越少，即滤波效果越好。

4）由于电容滤波电路的输出电压 U_o 随着输出电流 i_o 变化，所以电容滤波适用于负载电流变化不大的场合。

5）电容滤波电路中整流二极管的导通时间缩短了。整流二极管在短暂的导通时间内流过一个很大的冲击电流，对二极管寿命不利，所以必须选择 I_{DM} 大于负载电流的二极管。

为了得到比较好的滤波效果，在实际工作中经常根据下式来选择滤波电容器的容量（在全波或桥式整流情况下）。

$$R_L C = (3 \sim 5) \frac{T}{2}$$

由于电容值比较大，几十至几千微法，一般选用电解电容器。接入电路时，注意电容的极性不要接反。电容器的耐压应该大于 U_P。

5. 稳压电路

整流滤波所得的直流电压作为稳压电路的输入电压 U_i，稳压二极管 D 与负载电阻 R_L 并联。电路如图 3-20 所示，稳压二极管要处于反向接法，限流电阻也是稳压电路不可缺少的组成元件，当电网电压波动时，通过调节负载电阻上的电压来保持输出电压基本不变。电路的稳压原理如下：

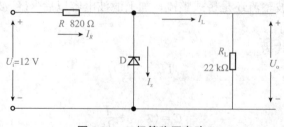

图 3-20　二极管稳压电路

假设输入电压 U_i 不变，负载电阻 R_L 减小时，I_L 增大，由于电流在电阻 R 上的电压升高，输出电压 U_o 下降。而稳压管并联在输出端，由其伏安特性可见，当稳压管两端电压略有下降时，电流 I_z 急剧减小，也就是由 I_z 的急剧减小，来补偿 I_L 的增大，最终使 I_R 基本保持不变，因而输出电压也维持基本稳定。上述过程可简明表示，如图 3-21 所示。

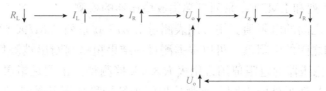

图 3-21 U_i 不变，R_L 减小

假设负载电阻 R_L 保持不变，网压升高而使 U_i 升高时，输出电压 U_o 也将随之上升，但此时稳压管的电流 I_z 急剧增加，则电阻 R 上的电压增大，以此来抵消 U_i 的升高，从而使输出电压基本保持不变。上述过程可简明表示如图 3-22 所示。

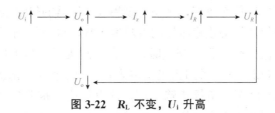

图 3-22 R_L 不变，U_i 升高

单元二   三端集成稳压器

一、三端集成稳压器认知

（1）LM7800、7900 系列三端集成稳压电路。三端集成稳压电路的外形如图 3-23 所示。

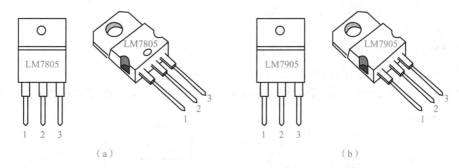

图 3-23 LM7800、LM7900 系列集成稳压电路外形及引脚

(a)LM7800 系列；(b)LM7900 系列

1—输入端；2—公共端；3—输出端

（2）LM7800 系列为正稳压电路，有 $+5 \sim +24$ V 多种固定电压输出，如 LM7805、LM7806、LM7809、LM7824 等。输出电流 1A；还有 78L00 系列（小型）输出电流 400 mA。

LM7900 系列为负稳压电路，有－24～－5 V多种固定电压输出，如LM7905、LM7906、LM7909、LM7924；输出电流 1 A。

LM7800/LM7900 系列标准固定电压输出电路，它的内部主体是串联稳压电路，并接有过流保护、安全电压保护、过热保护电路，使用安全可靠。

(3)LM7800 系列和 LM7900 系列三端集成稳压器的检测。

1)测量各引脚之间的电阻值。用万用表测量 LM7800 系列/LM7900 系列集成稳压器各引脚之间的电阻值，可以根据测量的结果粗略判断出被测集成稳压器的好坏。LM7800 系列集成稳压器的电阻值用万用表 $R\times1$ k 挡测得。正测是指黑表笔接稳压器的接地端，红表笔依次接触另外两引脚；负测是指红表笔接稳压器的接地端，黑表笔依次接触另外两引脚。由于集成稳压器的品牌及型号众多，其电参数具有一定的离散性。通过测量集成稳压器各引脚之间的电阻值，也只能估测出集成稳压器是否损坏。若测得某两脚之间的正、反向电阻值均很小或接近 0 Ω，则可判断该集成稳压器内部已击穿损坏。若测得两脚之间的正、反向电阻值均为无穷大，则说明该集成稳压器已开路损坏。若测得集成稳压器的阻值不稳定，随温度的变化而改变，则说明该集成稳压器的热稳定性能不良。

2)测量稳压值。即使测量集成稳压器的电阻值正常，也不能确定该稳压器就是完好的，还应进一步测量其稳压值是否正常。测量时，可在被测集成稳压器的电压输入端与接地端之间加上一个直流电压（LM7800 系列正极接输入端），此电压应比被测稳压器的标称输出电压高 3 V以上；LM7900 系列负极接输入端，此电压应比被测集成稳压器的标称电压低 3 V以下，但不能超过其最大输入电压。若测得集成稳压器输出端与接地端之间的电压值输出稳定，且在集成稳压器标称稳压值的±5%范围内，则说明该集成稳压器性能良好。

二、三端集成稳压器应用案例

(1)常用 LM7800 固定电压输出电路如图 3-24 所示。以 LM7812 为例，该三端稳压器的固定输出电压是 12 V，而输入电压至少大于 15 V，这样输入/输出之间有 3 V的压差，使调整管保证工作在放大区。但压差取得大，又会增加集成块的功耗，因此，两者应兼顾，既保证在最大负载电流时调整管不进入饱和，又不致功耗偏大。输入电压至少是 8 V，最多是 18 V。

(2)LM7800 典型应用电路如图 3-25 所示。图中电容 C_2 用于抵消输入线较长时的电感效应，以防止电路产生自激振荡，C_3 用于滤除输出电压中的高频噪声。

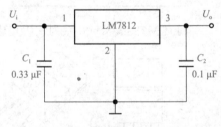

图 3-24 7812 固定标准电压输出电路

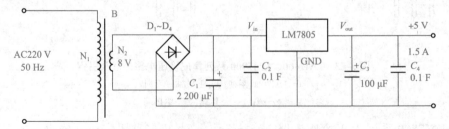

图 3-25 LM7805 的典型应用电路

(3)输出正、负固定电压的电路如图 3-26 所示。

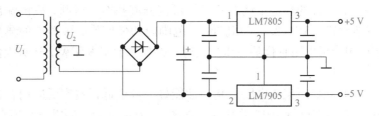

图 3-26　输出正、负固定电压的电路

单元三　可调三端集成稳压器

一、三端集成可调稳压器

1. LM317

LM317 集成稳压器是近年来应用较多的产品，它保持了三端简单结构，又能实现输出电压的连续可调，具有调压范围宽、稳压性能好、噪声低、纹波抑制比高等优点。它有金属封装和塑封两种。LM317 外形如图 3-27所示。

LM317 引脚识别很容易，器件上面有字的一面面对着自己，左手第一个引脚就是 1 号引脚，右手第一个就是 3号引脚，1、3 号之间的就是 2 号引脚。

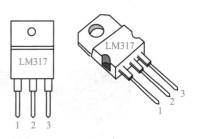

图 3-27　LM317 引脚结构
1—调整端；2—输出端；3—输入端

(1)LM317 特点介绍。可调整输出电压低到 1.2 V；保证 1.5 A 输出电流；典型线性调整率 0.01％；典型负载调整率 0.1％；80 dB 纹波抑制比；输出短路保护；过流、过热保护；调整管安全工作区保护；标准三端晶体管封装；LM117/LM317 电压范围 1.25～37 V 连续可调。

主要参数如下：

输出电压：DC 1.25～37 V。

输出电流：5 mA～1.5 A。

芯片内部具有过热、过流、短路保护电路。

最大输入-输出电压差：DC 40 V。

最小输入-输出电压差：DC 3 V。

使用环境温度：−10～+85 ℃。

存储环境温度：−65～+150 ℃。

线性直流可调
稳压电源原理

(2)LM317 集成稳压器检测。在电路中监测集成稳压器输出端对地电压的同时，调节电位器 R_P，查看稳压器的输出电压是否在其标称电压值范围内变化。若输出电压正常，则可确定该集成稳压器完好。

2. TL431

TL431 是一个有良好的热稳定性能的三端可调分流基准电压源。它的输出电压用两个电阻就可以任意地设置从 V_{ref}(2.5 V)到 36 V 范围内的任何值。该器件的典型动态阻抗为 0.2 Ω，在很多应用中可以用它代替稳压二极管，例如，数字电压表、运放电路、可调压电源、开关电源等。

TL431 是一种并联稳压集成电路。其因性能好、价格低，被广泛应用在各种电源电路中。其封装形式与塑封三极管 9013 等相同，如图 3-28(a)所示。同类产品还有图 3-28(b)所示的双直插外形的。封装形式有 TO-92、SOT-89、SOT-23。封装引脚图如图 3-29、图 3-30所示。

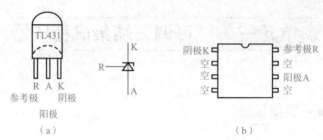

图 3-28　TL431 外形和内部引脚图

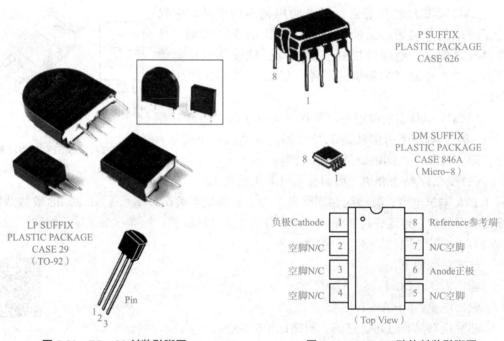

图 3-29　TO—92 封装引脚图

1—Reference 参考端；2—Anode 正极；3—Cathode 负极

图 3-30　SOP—8 贴片封装引脚图

(1)TL431 的特点介绍。

1)可编程输出电压为 36 V。

2)电压参考误差为±0.4%，典型值@25 ℃(TL431B)。

3)低动态输出阻抗，典型值为 0.22 Ω。

4)负载电流能力为 1.0～100 mA。

5)等效全范围典型温度系数为 $50\times10^{-6}/℃$。

6)温度补偿操作全额定工作温度范围。

7)低输出噪声电压。

（2）TL431引脚的判别。

1）确定A、K极的方法。根据结构图，用万用表测量二极管的方法能判断出A和K极。测量时，量程放 $R\times1$ k挡，当黑笔接A极、红笔接K极时，电阻呈导通状态（普通硅二极管的电阻），互换表笔，若电阻无穷大，即可判导通状态下，黑笔所接的引脚为A极，另一引脚为K极。

2）确定R极的方法。将万用表的量程置 $R\times10$ k挡，黑笔接K极，红笔接A极，此时，电表应无指示。一手触黑笔，另一手触R极时，指针应有大幅度的摆动。符合这种状况时，手触的引脚为R极。

①稳压二极管正反向电阻的测量。万用表量程置 $R\times1$ k挡，黑笔接A极，红笔接K极。此时测量的是稳压二极管的正向电阻。测量反向电阻时，量程应置 $R\times1$ k挡。用MF47型表测得的数据为：正向电阻 6×1 kΩ；反向电阻∞。

②R极与A、K极正反向电阻的测量。万用表量程置 $R\times1$ k挡，黑笔接R极，红笔接A极，电阻应为 35×1 kΩ；互换表笔，其电阻应为 10×1 kΩ。黑笔接R极，红笔接K极，电阻应为 1 kΩ；互换表笔，电阻∞。

③K极与A、R极正反向电阻的测量。万用表量程置 $R\times1$ k挡，黑笔接K极，红笔接R极，电阻为∞；互换表笔，电阻应为 1 kΩ。黑笔接K极，红笔接A极，电阻为∞；互换表笔，电阻为 8×1 kΩ。

二、三端集成可调稳压器应用案例

（1）LM317基本应用电路如图3-31所示。LM317是应用最为广泛的电源集成电路之一。它具有固定式三端稳压电路的最简单形式和输出电压可调的特点，它是可调节三端正电压稳压器，在输出电压范围（1.2～37 V）时能够提供超过 1.5 A 的电流，易于使用。

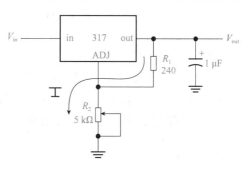

LM317的 V_{out} 由电阻 R_1 和 R_2 决定，其 $V_{out}=1.25\times(1+R_2/R_1)$。若 R_1 的阻值不变，那么流过 R_1 的电流便为恒定电流，由于 R_2 与 R_1 为串联关系，故只要改变 R_2 的阻值，便可以调整输出电压。

由于LM317内部整个电路的工作电流皆从

图 3-31　LM317 基本应用电路

V_{out}端输出，该电流约为 5 mA，故 R_1 的阻值最大为 240 Ω，若 R_1 取值过大，则LM317内部电路的工作电流便无法全部输出，这样便会导致输出电压偏高，稳定性变差。

稳压电源的输出电压可用 $V_{out}=1.25(1+R_2/R_1)$ 计算，仅仅从公式本身看，R_1、R_2 的电阻值可以随意设定。然而作为稳压电源的输出电压计算公式，R_1 和 R_2 的阻值是不能随意设定的。

首先，LM317稳压块的输出电压变化范围是 $V_{out}=1.25～37$ V（高输出电压的LM317稳压块如LM317HVA、LM317HVK等，其输出电压变化范围是 $V_{out}=1.25～45$ V），所以

R_2/R_1 的比值范围只能是 0~28.6。

其次，LM317 稳压块都有一个最小稳定工作电流，有的资料称之为最小输出电流，也称为最小泄放电流。最小稳定工作电流的值一般为 1.5 mA。由于 LM317 稳压块的生产厂家不同、型号不同，其最小稳定工作电流也不相同，但一般不大于 5 mA。当 LM317 稳压块的输出电流小于其最小稳定工作电流时，LM317 稳压块就不能正常工作。当 LM317 稳压块的输出电流大于其最小稳定工作电流时，LM317 稳压块就可以输出稳定的直流电压。

要解决 LM317 稳压块最小稳定工作电流的问题，可以通过设定 R_1 和 R_2 阻值的大小，而使 LM317 稳压块空载时输出的电流大于或等于其最小稳定工作电流，从而保证 LM317 稳压块在空载时能够稳定地工作。此时，只要保证 $V_o/(R_1+R_2) \geqslant 1.5$ mA，就可以保证 LM317 稳压块在空载时能够稳定地工作。上式中的 1.5 mA 为 LM317 稳压块的最小稳定工作电流。当然，只要能保证 LM317 稳压块在空载时能够稳定地工作，$V_o/(R_1+R_2)$ 的值也可以设定为大于 1.5 mA 的任意值。

经计算可知 R_1 的最大取值为 $R_1 \approx 0.83$ kΩ(由于输出端比调节端的电位始终高 1.25 V，而又要保证输出至少有 1.5 mA 的电流，$1.25/1.5 \times 1\,000$ 可得)，再加上调节端没有电流输出，所以 R_1 与 R_2 是串联的关系。又因为 R_2/R_1 的最大值为 28.6，所以 R_2 的最大取值为 $R_2 \approx 23.74$ kΩ。在使用 LM317 稳压块的输出电压计算公式计算其输出电压时，必须保证 $R_1 \leqslant 0.83$ kΩ，$R_2 \leqslant 23.74$ kΩ 两个不等式同时成立，才能保证 LM317 稳压块在空载时能够稳定地工作。

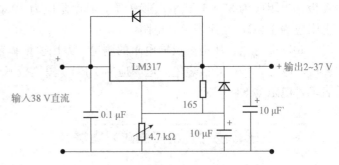

LM317 带保护二极管的电压稳压器如图 3-32 所示。

图 3-32 LM317 带保护二极管的电压稳压器

在应用中，为了保证电路的稳定工作，在一般情况下，还需要接二极管作为保护电路，防止输入/输出短路时，电路中的电容向集成电路放电，将 LM317 烧坏。

0.1 μF 片电容作为输入旁路电容用以减小对输入电源阻抗的敏感性，可通过把调节端旁路到地来提高纹波抑制。尽管 LM317 在无输出电容时是稳定的，但因某些值的外部电容会引起过分振荡，输出电容会消除这一现象并保证稳定性。

(2)LM317 完整的稳压电源电路——正电压输出型如图 3-33 所示。

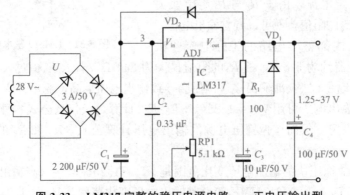

图 3-33 LM317 完整的稳压电源电路——正电压输出型

（3）电流稳压器如图 3-34 所示。

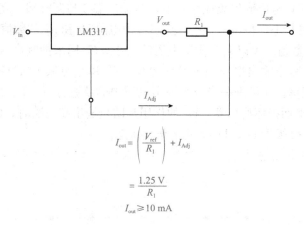

$$I_{\text{out}} = \left(\frac{V_{\text{ref}}}{R_1} \right) + I_{\text{Adj}}$$

$$= \frac{1.25\ \text{V}}{R_1}$$

$$I_{\text{out}} \geqslant 10\ \text{mA}$$

图 3-34　LM317 电流稳压器

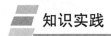 **知识实践**

正负固定输出直流稳压电源测试

正负固定输出直流稳压电源测试电路如图 3-35 所示。

填写项目三工单 1（见附录一）。

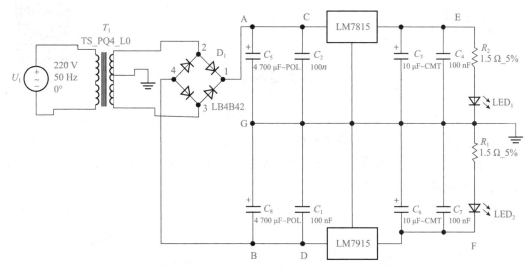

图 3-35　正负固定输出直流稳压电源测试电路

可调输出直流稳压电源测试

LM317 的基本应用电路如图 3-36 所示。

220 V 交流电压经变压器降压后，二极管 $D_1 \sim D_4$、电容 C_1 实现桥式整流电容滤波。LM317 为三端可调式正电压输出集成稳压器，其输出端 2 与调整端 1 之间为固定不可变的，基准电压为 1.25 V（在 LM317 内部）。输出电压 U_0 由电阻 R_1 和 R_P 的数值决定，$U_0 = 1.25(1 + R_P/R_1)$，改变 R_P 的数值，可以调节输出电压的大小。C_2 用来抑制高频干扰，C_3 用来提高稳压器纹波抑制比，减小输出电压中的纹波电压。C_4 用来克服 LM317 在深度负反馈工作下可能产生的自激振荡，还可进一步减小输出电压中的纹波分量。D_6 的作用是防止输入端短路时，电容 C_4 放电而损坏稳压器。D_5 的作用是防止输出端短路时，C_3 放电损坏稳压器。在正常工作时，保护二极管 D_5、D_6 都处于截止状态。

填写项目三工单 2（见附录一）。

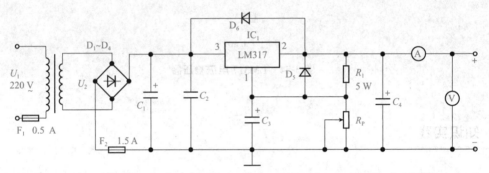

$C_1 = 3\ 300\ \mu F$；$C_2 = 0.33\ \mu F$；$C_3 = 10\ \mu F$；$C_4 = 47\ \mu F$；$D_1 \sim D_4 = 1N5395$；D_5、$D_6 = 1N4001$；$R = 240/5\ W$
$R_P = 2.2\ K/$多圈线绕；电解电容耐压；变压器、电流、电压表根据具体指标而定

图 3-36　LM317 的基本应用电路

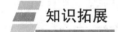 知识拓展

开关直流稳压
电源原理

开关电源技术

开关电源的工作原理如图 3-37 所示。图中输入的直流不稳定电压 U_i 经开关 S 加至输入端，S 为受控开关，是一个受开关脉冲控制的开关调整管。开关 S 按要求改变导通或断开时间，就能把输入的直流电压 U_i 变成矩形脉冲电压。这个脉冲电压经滤波电路进行平滑滤波就可得到稳定的直流输出电压 U_0。

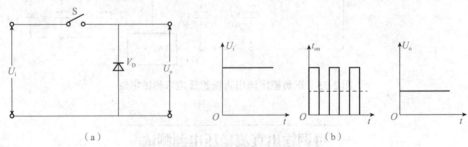

图 3-37　开关电源的工作原理
(a)原理电路；(b)波形图

1. 开关电源的组成

开关电源由以下四个基本环节组成，如图 3-38 所示。

(1) DC/DC 变换器。用以功率变换，是开关电源的核心部分。DC/DC 变换器有多种电路形式，其中控制波形为方波的 PWM 变换器以及工作波形为准正弦波的谐振变换器应用较为普遍。

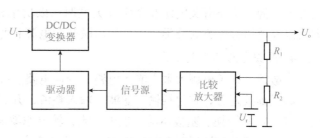

图 3-38　开关电源基本组成框图

(2) 驱动器。开关信号的放大部分，对来自信号源的开关信号放大、整形，以适应开关管的驱动要求。

(3) 信号源。产生控制信号，由他激或自激电路产生，可以是 PWM 信号，也可以是 PFM 信号或其他信号。

(4) 比较放大器。对给定信号和输出反馈信号进行比较运算，控制开关信号的幅值、频率、波形等，通过驱动器控制开关器件的占空比，达到稳定输出电压的目的。

2. 开关电源的特点

(1) 效率高。开关电源的功率开关调整管工作在开关状态，所以调整管的功耗小、效率高。调整管的效率一般为 80%～90%，高的可达 90% 以上。

(2) 质量小。由于开关电源省掉了笨重的电源变压器，节省了大量的漆包线和硅钢片，所以电源的质量只是同容量线性电源的 1/5，体积也大大缩小。

(3) 稳压范围宽。开关电源的交流输入电压在 90～270 V 范围变化时，输出电压的变化在 ±2% 以下。合理设计电路还可使稳压范围更宽，并保证开关电源的高效率。

(4) 安全可靠。在开关电源中，由于可以方便地设置各种形式的保护电路，因此当电源负载出现故障时，能自动切断电源，保护功能可靠。

(5) 元件数值小。由于开关电源的工作频率高，一般在 20 kHz 以上，所以滤波元件的数值可以大大减小。

(6) 功耗小。功率开关管工作在开关状态，其损耗小；电源温升低，不需要采用大面积散热器。采用开关电源可以提高整机的可靠性和稳定性。

3. 开关电源的主要类型

(1) 控制方式。

1) 脉冲宽度调制式。控制开关管的导通时间 t_{on}，可以调整输出电压 U_o，达到输出稳压的目的。脉冲宽度调制 (PWM) 方式是采用恒频控制，即固定开关周期 T，通过改变脉冲宽度 t_{on} 来实现输出稳压。开关器件的开关频率 f 由自激或他激方式产生。

2) 脉冲频率调制式。脉冲频率调制 (PFM) 方式是利用反馈来控制开关脉冲频率或开关脉冲周期，实现调节脉冲占空比 D，达到输出稳压的目的。

3) 脉冲调频调宽式。这种控制方式是利用反馈控制回路，既控制脉冲宽度 t_{on}，又控制脉冲开关周期 T，以实现调节脉冲占空比 D，从而达到输出稳压的目的。

4) 其他方式。若触发信号利用电源电路中的开关晶体管、高频脉冲变压器构成正反馈环路，完成自激振荡，使开关电源工作，则这种电源称为自激式开关电源。

他激式开关电源需要外部振荡器，用以产生开关脉冲来控制开关管，使开关电源工作，输出直流电压。他激式电源大多数需要专用的 PWM 触发集成电路。

（2）连接分类。电源以功率开关管的连接方式分类，可分为单端正激开关电源、单端反激开关电源、半桥开关电源和全桥开关电源；以功率开关管与供电电源、储能电感的连接方式以及电压输出方式分类，可分为串联开关电源和并联开关电源。

4. 开关电源的控制结构

一般地，开关电源大致由输入电路、变换电路、控制电路、输出电路四个主体组成。

如果细致划分，它包括输入滤波、输入整流、开关电路、采样、基准电源、比较放大、振荡器、V/F 转换、基极驱动、输出整流、输出滤波电路等。

实际的开关电源还要有保护电路、功率因素校正电路、同步整流驱动电路及其他一些辅助电路等。

图 3-39 所示为典型的开关电源的基本结构框图，掌握它对人们理解开关电源有重要意义。

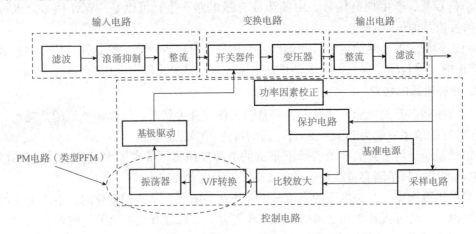

图 3-39　开关电源的基本结构框图

根据控制类型不同，PM（脉冲调制）电路可能有多种形式。这里是典型的 PFM 结构。

（1）输入电路：包括线性滤波电路、浪涌电流抑制电路、整流电路。作用：把输入电网交流电源转化为符合要求的开关直流输入电源。

1）线性滤波电路：抑制谐波和噪声。

2）浪涌电流抑制电路：抑制来自电网的浪涌电流。

3）整流电路：把交流变为直流。有电容输入型、扼流圈输入型两种，开关电源多数为前者。

（2）变换电路：含开关电路、输出隔离（变压器）电路等，是开关电源变换的主通道，对带有功率的电源波形进行斩波调制和输出。这一级的开关功率管是其核心器件。

1）开关电路。

①驱动方式：自激式、他激式。

②变换电路：隔离型、非隔离型、谐振型。

③功率器件：最常用的有 GTR、MOSFET、IGBT。

④调制方式：PWM、PFM、混合型三种，PWM 最常用。

2）隔离输出电路。分无抽头、带抽头。半波整流、倍流整流时，无须抽头，全波时必须有抽头。

（3）控制电路：向驱动电路提供调制后的矩形脉冲，达到调节输出电压的目的。

1）基准电路：提供电压基准。如并联型基准 LM358、AD589，串联型基准 AD581、REF192 等。

2）采样电路：采取输出电压的全部或部分。

3）比较放大：把采样信号和基准信号比较，产生误差信号，用于控制电源 PM 电路。

4）V/F 变换：把误差电压信号转换为频率信号。

5）振荡器：产生高频振荡波。

6）基极驱动电路：把调制后的振荡信号转换成合适的控制信号，驱动开关管的基极。

（4）输出电路：整流、滤波。把输出电压整流成脉动直流，并平滑成低纹波直流电压。输出整流技术现在又有半波、全波、恒功率、倍流、同步等整流方式。

5. 开关电源电路主要结构及工作原理

（1）正激式开关电源电路如图 3-40 所示，是一种采用变压器耦合的降压型开关稳压电源。加在变压器 N_1 绕组上的脉冲电压振幅等于输入电压 U_i；脉冲宽度为功率开关管 VT 导通时间 t_{on} 的开关脉冲序列，变压器次级开关脉冲电压经二极管 D_1 整流变为直流。

正激式开关电源的特点是：当初级的功率开关管 VT 导通时，电源输入端的能量由次级二极管 D_1 经输出电感 L 为负载供电；功率开关管 VT 断开时，由续流二极管 D_2 继续为负载供电，并由消磁绕组 N_3 和消磁二极管 D_3 将初级绕组 N_1 的励磁能量回馈到电源输入端。

（2）反激式开关电源电路如图 3-41 所示。功率开关管 VT 导通时，输入端的电能以磁能的形式存储在变压器的初级绕组 N_1 中，依据图中次级绕组 N_2 同名端标注，二极管 D_1 不导通，负载没有电流流过。功率开关管 VT 断开时，变压器次级绕组以输出电压 U_o 为负载供电，并对变压器消磁。

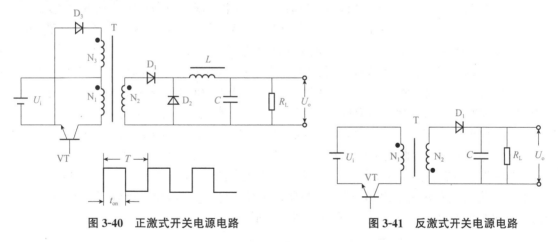

图 3-40　正激式开关电源电路　　　　图 3-41　反激式开关电源电路

反激式开关电源电路简单，输出电压 U_o 既可高于输入电压 U_i，又可低于 U_i，一般适用于输出功率为 200 W 以下的开关电源中。

（3）半桥型开关电源，其工作原理和波形如图 3-42 所示。两个功率开关晶体管 VT_1 和 VT_2 在开关驱动脉冲的作用下，交替地导通与截止。当开关管 VT_1 导通时，在输入电压 U_i 作用下，电流经 VT_1、变压器初级绕组 N_1 和电容 C_2 给变压器初级绕组 N_1 励磁，同时经次级二极管 D_1、绕组 N_2 给负载供电。当开关管 VT_1 截止、VT_2 导通时，输入电源经 C_1、变压器初级绕组 N_1、开关管 VT_2 给变压器初级绕组 N_1 励磁，同时经次级二极管 D_2 给负载供电。所以，电源通过功率开关管 VT_1、VT_2 交替给变压器初级绕组 N_1 励磁并为负载供电。变压器初级的脉冲电压幅度为 $U_i/2$。同样，电容 C_1、C_2 上的电压也分别为 $U_i/2$。

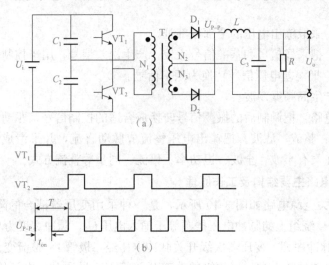

图 3-42   半桥式开关电源原理图和波形图

(a)原理图；(b)波形图

半桥型开关电源的自平衡能力强，不易使变压器由于 VT_1、VT_2 的导通时间不一致而产生磁饱和现象，导致功率管 VT_1、VT_2 损坏。当 VT_1、VT_2 导通时间不一致时，变压器初级绕组 N_1 的励磁电流大小不一样，致使电容 C_1、C_2 上的电压不相等，励磁电流越大，则对应的电容器电压越小，从而起到自平衡对称作用。由于每个功率管上的电压只有输入电源电压 U_i 的一半，所以要输出同样的功率，每个功率管中流过的电流就要增大一倍。半桥型开关电源中需要避免功率管 VT_1、VT_2 同时导通，需使 VT_1、VT_2 功率管的导通时间相互错开，相互错开的最小时间称为死区时间。

（4）全桥式开关电源工作原理图及波形图如图 3-43 所示。该电源由 4 个功率管 VT_1、VT_2、VT_3、VT_4 组成桥式电路，由 VT_1 和 VT_4、VT_2 和 VT_3 分别组成两个导通回路。当 VT_2、VT_3 的触发控制信号有效时，VT_1、VT_4 的触发控制信号无效。VT_2、VT_3 导通时，输入电源 U_i 经 VT_2、变压器的初级绕组 N_1 和开关 VT_3 形成电流回路，加至变压器初级绕组的电压幅度为电源电压 U_i，并经次级二极管 D_1 整流、滤波后输出，为负载供电。同理，当 VT_2、VT_3 关断，VT_1、VT_4 导通时，输入电源 U_i 从与 VT_2、VT_3 导通时电流相反的方向为变压器初级绕组 N_1 励磁，并通过次级绕组 N_2 和整流二极管 V_2 为负载供电，这样在次级得到图 3-43(b)中 U_{P-P} 所示的脉冲波形。

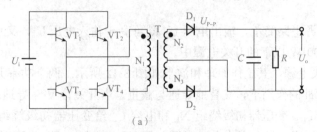

图 3-43   全桥式开关电源工作原理图和波形图

(a)原理图

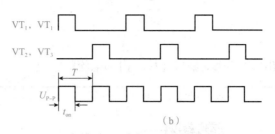

图 3-43　全桥式开关电源工作原理图和波形图(续)

(b)波形图

各电源特点见表 3-2。

表 3-2　电源特点

电路类型	传输功率	应用环境
单端反激式变换 (FLYBACK)	20～100 W	小型仪器、仪表、家用电器等电源，自动化设备中控制电源
单端正激式变换 (FORWARD)	50～200 W	小型仪器、仪表、家用电器等电源，自动化设备中控制电源
推挽式变换 (PUSH-PULL)	100～500 W	控制设备、计算机等电源
半桥式变换 (HALF-BRIDGE)	100～5 000 W	焊机、超声电源、计算机电源等
全桥式变换 (FULL-BRIDGE)	500 W～30 kW	焊机、高频感应加热、交换机

这类电源的共同特点：具有高频变压器，直流稳压是从变压器次级绕组的高频脉冲电压整流滤波而来。变压器原、副边是隔离的，或是部分隔离的，而输入电压是直接从交流市电整流得到的高压直流。

开关电源应用电路

1. 产品亮点

TOPSwitch－Ⅱ家族三终端离线 PWM 开关成本最低，零件数量最少；AC/DC 损耗非常低，效率高达 90%；内置自动重启和限流；闭锁热停机进行系统液位保护；实现反激、正向、Boost 或 Buck 拓扑；在不连续或连续传导模式下稳定输出；低电磁干扰的源连接选项卡；电路简单和设计工具简单。

2. 产品说明

第二代 TOPSwitch™－Ⅱ系列更具成本效益，在低功耗、高效率的应用中降低成本。该封装的内部引线框架使用其六个引脚将热量从芯片直接传递到电路板上，降低散热片的成本。TOPSwitch 将切换模式控制系统所需的所有功能集成到一个三端单片集成电路中。

3. 引脚结构(图 3-44)

DRAIN 引脚：输出 MOSFET 漏极连接，内部电流的感应点。

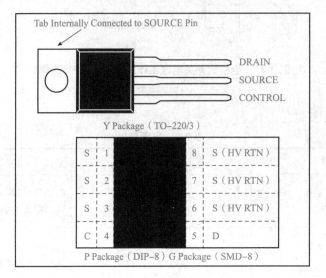

图 3-44　TOP 芯片引脚图

SOURCE 引脚：正常运行时提供内部偏置电流，作为供电旁路和自启动补偿电容器的连接点。

CONTROL 引脚：YN 封装输出 MOSFET 源连接高压功率返回。一次侧电路公共和参考点。

4. 典型应用电路

(1)图 3-45 所示为典型的反激应用电路。

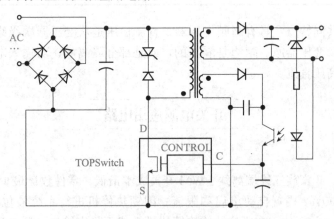

图 3-45　典型的反激应用电路

(2)图 3-46 所示为 4 W 备用电源。

这种电源用于某些备用功能（如实时时钟，远程控制端口）即使在主电源关闭情况下也必须保持活跃。备用功能采用 5 V 二次电源供电，12 V 非隔离输出为主电源 PWM 控制器等一次侧功能供电。

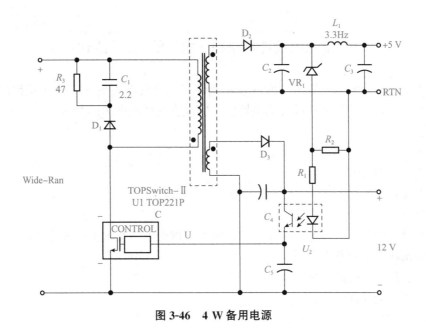

图 3-46　4 W 备用电源

对于此应用程序，输入整流器和输入滤波器是为主电源设置的，没有显示。输入电压范围为 DC 100～380 V，对应于全通用 AC 输入范围。TOP221 封装在一个 8 针电源 DIP 内。

输出电压(5 V)由齐纳二极管(VR₁)和光耦(U₂)直接检测。输出电压由齐纳电压和光耦 LED 上的电压降之和决定(R_1 的电压降可以忽略不计)。光耦的输出晶体管驱动 TOP221 的 CONTROL 引脚。C_5 绕过控制引脚，提供控制回路补偿，并设置自动复位频率。

R_3 和 C_1 通过二极管 D_1 抑制变压器的漏感电压尖峰。偏置绕组由 D_3 和 C_4 进行整流和滤波，提供一个非隔离的 12 V 输出，该输出也用于偏置光耦输出晶体管的集电极。5 V 输出绕组由 D_2 整流，C_2、L_1 和 C_3 滤波。

▰ 知识提高

根据前面学习过的知识，完成真实电路设计与制作。本单元包括三种线性直流稳压电源的设计与制作。

目的：

领会精髓。学有所用，将学过的知识结合实际技术条件，完成电路设计和制作。提高电路设计、制作、工艺编制等综合应用能力。

避免纸上谈兵。密切联系实际，从技术条件入手，完成电路的设计、器件选型、电路制作、工艺设计等技术工作，完成电子产品全部工作，锻炼实际动手、做技术文件等能力。

逐级递进。项目由浅入深、由易到难。各个产品由简单到复杂，能力逐级提升。

真实应用产品。把行业、企业实际的工艺文件、产品电路和常用产品电路、常用电路等纳入课程。

固定输出线性直流稳压电源的设计与制作

结合本项目所学知识，按照下面的技术条件和设计要求完成一个固定输出线性直流稳压电源的设计工作，并根据所设计的电路独立完成直流稳压电源的制作。

(1)技术条件。

输入电压：AC220 V。

输出电压：DC5 V。

输出电流：1 A。

(2)设计要求。

1)选用合适的降压、整流、滤波、稳压电路，保证电路实现上面技术条件。

2)正确选取合适的器件参数。

3)手绘所设计的电路原理图。

4)列出所用元器件清单。

(3)参考资料。

1)自行查询 LM78××系列芯片资料。

2)自行查询线性直流稳压电源的组成。

3)自行查询所使用的元器件参数。

(4)设计电路原理，手绘电路原理图，标注元器件规格型号。

参考电路原理如图 3-47 所示。

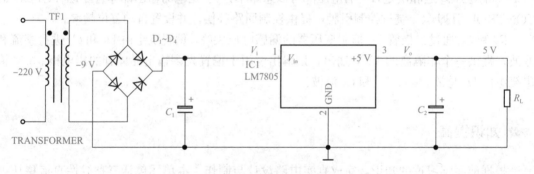

图 3-47　参考电路原理

(5)编制元器件及材料表。根据所设计的电路原理图，编写元器件表，将元器件参数等信息填入表格。元器件及材料表举例见表 3-3。

表 3-3　元器件及材料表举例

序号	元器件标号	元器件名称	规格	型号	封装形式	数量	备注
1	IC_1	三端稳压器	塑壳	LM7805	TOP220	1 只	
2	R_1	电阻	金属膜 1/4 W	220 Ω	分立	1 只	
3	C_1	铝电解电容	CD110	12 V、470 μF	直插	2 只	
4		电路板	50×50				实验板

序号	元器件标号	元器件名称	规格	型号	封装形式	数量	备注
5		导线	BVR	0.3 mm^2		0.5 m	
6		焊锡丝	无铅	ϕ0.5 mm^2		0.5 m	环保
	...						

（6）根据元器件及材料表，正确选择元器件及材料，并手动绘制电路走线图纸。

（7）根据走线图，焊接制作线性直流稳压电源。

自行学习附录二。

自行学习附录三。

遵守用电安全和电子产品组装通用工艺要求，按照走线图，焊接制作线性直流稳压电源。制作完成后，要自行检查。

（8）调试。电路制作完成后，自行检查，无误后，经指导老师检查确认，进行通电调试。具体调试步骤参照附录四。

1）记录电路空载工作测试结果。

2）记录电路从空载到满载工作过程的测试结果（负载可选用玻璃釉或水泥电阻或电位器）。

（9）查找总结设计与制作过程问题，并总结设计与制作的经验。

（10）根据实际完成本任务情况，填写项目三工单 3（见附录一）。

正负固定输出线性直流稳压电源的设计与制作

按照下面的技术条件和设计要求，完成一个正负固定输出线性直流稳压电源的设计工作，并根据所设计的电路独立完成直流稳压电源的制作。

（1）技术条件。

输入电压：AC220 V。

输出电压：DC±5 V。

输出电流：两路输出均不小于 1 A。

（2）设计要求。

1）选用合适的降压、整流、滤波、稳压电路，保证电路实现上面的技术条件。

2）正确选取合适的器件参数。

3）手绘所设计电路原理图。

4）列出所用元器件清单。

（3）参考资料。

1）自行查询 W78××、W79×× 系列芯片资料。

2）自行查询线性直流稳压电源的组成。

3）自行查询所使用的元器件参数。

（4）设计电路原理，手绘电路原理图，标注元器件规格型号。电路中的降压、整流、滤波部分参照图 3-48。

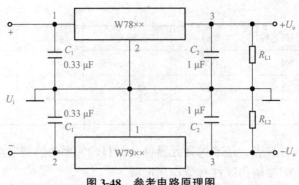

图 3-48   参考电路原理图

（5）编制元器件及材料表。根据所设计的电路原理图，编写元器件表，将元器件参数等信息填入表格。元器件及材料表举例见表 3-4。

表 3-4   元器件及材料表举例

序号	元器件标号	元器件名称	规格	型号	封装形式	数量	备注

（6）根据元器件及材料表，正确选择元器件及材料，并手动绘制电路走线图。

（7）根据走线图，焊接制作线性直流稳压电源。

自行学习附录二。

自行学习附录三。

（8）调试。电路制作完成后，自行检查，无误后，经指导教师检查确认，进行通电调试。具体调试步骤参照附录四。

1）记录电路空载工作测试结果。

2）记录电路从空载到满载工作过程的测试结果（负载可选用玻璃釉或水泥电阻或电位器）。

（9）查找总结设计与制作过程问题，并总结设计与制作的经验。

（10）根据实际完成本任务情况，填写项目三工单 4（见附录一）。

根据实际（可以根据具体电路自选）集成稳压电源套件和电路原理图，完成直流稳压电源的制作，进行调试和性能指标测试。

0～30 V 输出连续可调直流稳压电源的设计与制作

按照下面技术条件和设计要求，完成一个 0～30 V 输出连续可调直流稳压电源的设计工作，并根据所设计的电路独立完成直流稳压电源的制作。

（1）技术条件。

输入电压：AC220 V。

输出电压：DC0～30 V 连续可调。

输出电流：不小于 1 A。

（2）设计要求。

1）选用合适的降压、整流、滤波、稳压电路，保证电路实现上面的技术条件。

2）正确选取合适的器件参数。

3）手绘所设计电路原理图。

4）列出所用元器件清单。

（3）参考资料。

1）自行查询 CW×× 系列芯片资料。

2）自行查询线性直流稳压电源的组成。

3）自行查询所使用的元器件参数。

（4）设计电路原理，手绘电路原理图，标注元器件规格型号。电路中的降压、整流、滤波部分参照图 3-49，注意输入电压的值，元器件参数选择同样也要注意电压值。

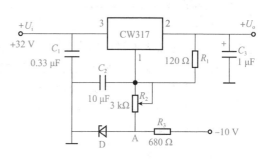

图 3-49 参考电路原理图

（5）编制元器件及材料表。根据所设计的电路原理图，编写元器件表，将元器件参数等信息填入表格。元器件及材料表举例见表 3-5。

表 3-5 元器件及材料表举例

序号	元器件标号	元器件名称	规格	型号	封装形式	数量	备注

（6）根据元器件及材料表，正确选择元器件及材料，并手动绘制电路走线图。

（7）根据走线图，焊接制作直流稳压电源。

自行学习附录二。

自行学习附录三。

（8）调试。电路制作完成后，自行检查，无误后，经指导教师检查确认，进行通电调试。具体调试步骤参照附录四。

1）记录电路空载工作测试结果。

2）记录电路从空载到满载工作过程的测试结果（负载可选用玻璃釉或水泥电阻或电位器）。

（9）查找总结设计与制作过程问题，并总结设计与制作的经验。

（10）思考。

1）参考电路中 D 的作用是什么？

2）如何调整电路参数才能保证输出是 0 V？

3）电路输出分别是 30 V 和 15 V 时，电路中电源的能量转换效率 η 是多少？

转换效率 $\eta = [(输出电压×输出电流)/(输入电压×输入电流)] × 100\%$

（11）根据实际完成本任务情况，填写项目三工单 5（见附录一）。

项目四 三极管放大电路分析与应用

学习目标

1. 知识目标
(1)掌握放大电路的基本知识和三种基本组态;
(2)掌握共发射极放大电路的分析方法;
(3)了解共基极、共集电极放大电路的分析方法及应用;
(4)了解场效应管的原理和结构;
(5)熟悉常用的场效应管。
2. 能力目标
(1)熟练使用各种仪器仪表;
(2)能独立完成三种放大电路的性能指标测试;
(3)能应用三极管设计无触点开关电路;
(4)能绘制基本放大电路原理图;
(5)能够完成放大电路的设计及器件选择。
3. 素养目标
(1)培养器件资料查阅和分析能力;
(2)提升三极管应用电路测试及分析能力;
(3)培养严谨的工作态度;
(4)提高解决三极管应用电路故障能力;
(5)培养团队合作意识;
(6)提升三极管应用电路设计能力。

项目导学

晶体管应该被拿来做更多的事情,不过前提是,它要足够小。

如何找到一种高效的晶体管、导线和其他器件的连接方法?1958 年左右,美国两位 30 岁出头的年轻人,各自拿出了自己的解决方案——人们今天已经熟知的集成电路。

如果说晶体管的诞生是蝴蝶扇动了翅膀,那么远隔大洋的中国,也敏锐地嗅到了风暴来袭的信号。

中国的起步并不晚。20 世纪 50 年代中期,正值我国开始实施第一个五年计划。半导体这门新兴的科学技术受到了党和政府的高度重视。1956 年,在没有技术资料和完整设备的条件下,我国成功研制出了首批半导体器件——锗合金晶体管。1965 年,我国又拥有了集成电路。

"说起我国第一代半导体人，那真是非常了不起。"中国科学院微电子研究所所长叶甜春感慨，"他们带着知识归国，自己研制设备，自己制备材料，自己培养了第一批学生，完全白手起家。"

本项目主要包括知识储备、知识实践、知识拓展、知识提高四个部分，具体框架如下：

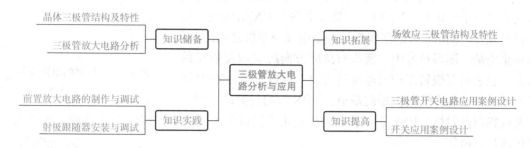

知识储备

三极管的核心是两个互相连接的 PN 结，其性能与只有一个 PN 结的二极管相比有着本质的区别，即三极管具有电流放大作用。下面将开始介绍三极管的结构及特性、放大原理、应用参数和好坏区别。

单元一　晶体三极管结构及特性

一、晶体三极管的结构及其特性

1. 三极管实物图形

图 4-1 中列出了不同种类的三极管。虽然它们形状各异，但有一个共同特点，即都有三个电极，分别称作发射极(e)、基极(b)和集电极(c)。

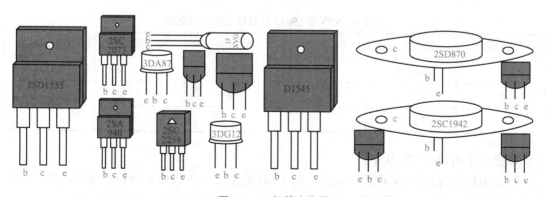

图 4-1　三极管实物图

图中三极管的外封装都标有三极管的型号。凡型号第一个符号为 3 的，是中国生产的三极管，3 表示有三个电极；凡型号第一个符号为 2 的，是国外生产的三极管，2 表示有两个 PN 结。它们的电极分布也不尽相同。

2. 三极管的电路图符号

三极管的电路符号如图 4-2 所示，其中三根引出的短线分别表示三个电极(e、b、c)，三极管由两个 PN 结构成，发射极与基极之间的 PN 结叫发射结，集电极与基极之间的 PN 结叫集电结。图形符号中，箭头所指的方向既表示发射结的方向，也表示三极管工作时电流的方向。可以看出，PNP 管的发射结方向是由发射极指向基极；NPN 管的发射结方向是由基极指向发射极。PNP 管工作时，电流由发射极流入三极管，NPN 管工作时，电流由发射极流出三极管。

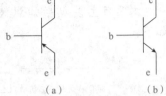

图 4-2　三极管的电路符号
(a)PNP；(b)NPN

3. 三极管的基本特性

晶体三极管有两种导电类型，即 PNP 导电类型，称为 PNP 管；NPN 导电类型，称为 NPN 管。下面以 NPN 管为例，讲解三极管的基本特性。

(1)测量 NPN 管各极电流。在图 4-3 所示的电路中，电路所用元件：小功率管(NPN)S9013 1 只；100 kΩ 半可调电阻 1 只；直流电源 3 V 、12 V 各 1 台；1 kΩ 电阻 1 只；电流表 1(高精度数字电流表)；电流表 2、3(一般精度数字电流表)。按图 4-3 连接电路。

三极管的测试方法

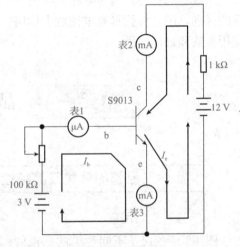

图 4-3　测量 NPN 管电流

电路正确连接后，即可开始测量。首先调节可调电阻，使电流表 1 的读数为 10 μA，即为基极电流；然后读取电流表 2，为集电极电流；再读取电流表 3，为发射极电流。将上面测得的数据，按顺序记录在表 4-1 中。按照同样的方法，测量下一次数据。测量出四组数据，全部记录于表 4-1 中。

表 4-1　NPN 管 S9013 的导通电流测量数据

电流表	各极电流	第一次测量	第二次测量	第三次测量	第四次测量
1	$I_b/\mu A$	10	20	30	40
2	I_c/mA	1	2	3	4
3	I_e/mA	1.01	2.02	3.03	4.04

根据表中的数据总结如下：

1)集电极电流从 12 V 电源正流出，经 1 kΩ 电阻流入三极管集电极；基极电流从 3 V 电源正极流出，流入三极管基极；两支电流汇合，从发射极流出，流回电源负极。

2)三支电流的关系应为 $I_e = I_c + I_b$。

3)集电极电流、发射极电流都随着基极电流微小的变化而产生较大的变化。这说明基极电流对集电极电流有控制作用，我们可以把这种控制作用理解为电流放大。它们的关系用公式表示为

$$I_c = \beta I_b \quad 或 \quad \beta = \frac{I_c}{I_b}$$

式中，β 为共发射极电流放大系数。

结论： 三极管基极电流发生微小的变化，就可以引起集电极电流产生较大的变化，说明基极电流对集电极电流有控制作用。我们把这种控制作用称作三极管的电流放大，即晶体三极管具有电流放大作用。

（2）三极管电流放大条件。通过上面的测量，知道三极管能够进行电流放大，但三极管进行电流放大是有条件的。通过对图 4-4 所示电路分析，可以总结出三极管电流放大的条件。

U_c 大于 U_b，集电结反偏；U_b 大于 U_e，发射结正偏。图 4-4 所示电路处于电流放大状态，所以三极管在电流放大状态的条件是：集电结反偏（即 $U_{bc} < 0$）、发射结正偏（即 $U_{be} > 0$）。在电路中检测 NPN 管是否处于电流放大状态时，可按 $U_c > U_b > U_e$ 来判断。

（3）NPN 管的偏置电压。在三极管放大电路中，加在三极管上的直流电压，称为偏置电压。当所加电压的方向与 PN 结的方向一致时，PN 结正偏；当所加电压方向与 PN 结方向相反时，PN 结

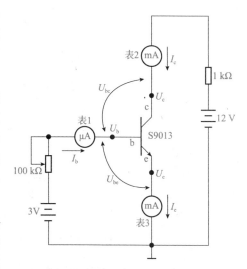

图 4-4　三极管电流放大的条件

反偏。对于 NPN 管，当集电极电位 U_c 高于基极电位 U_b 时，集电结所加电压的方向与集电结的方向相反，则集电结反偏；当基极电位 U_b 高于发射极电位 U_e 时，发射结所加电压的方向与发射结方向一致，则发射结正偏。

PNP 管电流放大条件与 NPN 管是一样的，集电结反偏（即 $U_{bc} < 0$）、发射结正偏（即 $U_{be} > 0$）。在分析时注意电压的方向。

二、三极管的特性曲线分析

三极管的伏安特性能全面反映各极电位与电流之间的关系，是三极管内部性能在外部的表现，可以用曲线来表达。

1. VT_5 三极管的输入特性

在三极管输入回路中，如果输入电压 U_{be} 有微小的变化，就会引起输入电流 I_b 发生较大的变化。这反映了 U_{be} 与 I_b 的关系，这种关系就是三极管的输入特性。

图 4-5 所示是测量三极管输入特性的电路，电路中集电极回路串联一毫安表，基极回路串联一微安表，电压表分别测量 U_{be} 和 U_{ce}。按图 4-5 所示电路连接，按表 4-2 要求测量，即可得到三极管 3DG4 的输入特性数据。

调节 E_c，使 $U_{ce}=2$ V，调节 E_b 使 U_{be} 与表 4-2 对应，读出基极电流，填表 4-2。

以表 4-2 中与 I_b 对应数据为坐标点，将其在坐标系中连成一条曲线，就是 3DG4 在 $U_{ce}=2$ V 时的输入特性曲线，如图 4-6 所示。

表 4-2 $U_{ce}=2$ V 时 3DG4 输入特性测量数据

U_{be}/V	0	0.60	0.64	0.68	0.70	0.71	0.72	0.73
I_b/μA	0	2	5	10	20	30	40	60

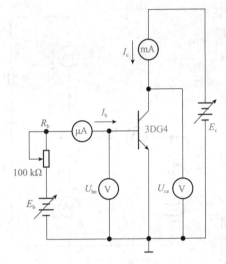

图 4-5 测量三极管特性电路

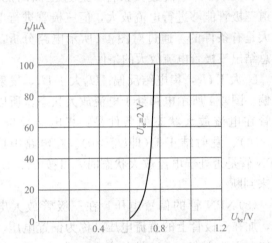

图 4-6 三极管输入特性曲线

输入特性曲线表明，当 U_{ce} 超过一定的数值(如 1 V)后，只要 U_{be} 保持不变，增加 U_{ce}，I_b 不会有明显变化。因此在一般三极管应用手册上，只画出 $U_{ce}=2$ V 一条输入特性曲线。从曲线中可以看出，随着输入电压增加，U_{be} 达到 0.7 V 以后，变化很小，但 I_b 直线上升。

2. VT₅ 三极管的输出特性

三极管的输出特性是指在 I_b 一定的条件下，U_{ce} 与 I_c 的关系。这种关系用曲线表示，称为三极管输出特性曲线，它能反映三极管完整的输出特性。

以图 4-5 为例，测量三极管的输出特性。

(1)调节 E_b，使基极电流 $I_b=50$ μA，调节 E_c，分别取 10 组 U_{ce} 与 I_c 对应值。将所取的各组 U_{ce} 与 I_c 值填入表 4-3 中，并在坐标纸上，用描点法画出三极管的一条输出曲线，如图 4-7 所示。

表 4-3 三极管输出特性曲线的测量数据($I_b=50$ μA)

序号	1	2	3	4	5	6	7	8	9	10
U_{ce}/V	0.2	0.4	0.6	0.8	1.0	1.2	2.0	4.0	5.0	12
I_c/mA	1.2	2.4	3.6	4.5	4.6	4.8	4.82	4.9	4.92	5.0

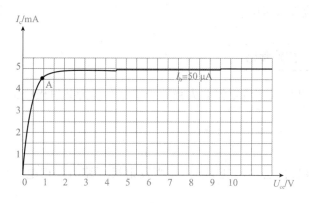

图 4-7 三极管输出特性曲线

（2）再用上述方法取 I_b 的不同值（如 $I_{b1}=10\ \mu A$、$I_{b2}=20\ \mu A$、$I_{b3}=30\ \mu A$、…、$I_{b6}=60\ \mu A$），重复上述测量，即可得到一簇输出特性曲线，如图 4-8 所示。

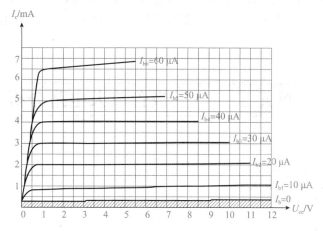

图 4-8 三极管输出特性曲线

（3）观察输出特性曲线发现：

1）当 U_{ce} 从零开始增大时，I_c 随 U_{ce} 的增大而迅速增加。

2）当 $U_{ce}>U_{be}$ 以后，输出特性曲线基本与 U_{ce} 轴平行，I_c 不再随 U_{ce} 增大而增大，基本为一个恒定数值。这是因为，$U_{ce}>U_{be}$ 后，集电结已经反偏，三极管进入放大状态，三极管各极电流分配关系已经确定，I_c 只受 I_b 控制。在 I_b 保持不变的情况下，输出特性曲线基本与 U_{ce} 轴平行。

3）三个工作区。

①截止区：$I_b\leqslant0$ 的区域称为截止区，如图 4-8 中阴影部分。

②饱和区：图 4-7 中 A 点左边的区域称为饱和区，在饱和区，$U_{ce}<U_{be}$，三极管的两个 PN 结都正偏，U_{ce} 升高，I_c 随之升高，而当 I_b 变化的，I_c 基本不变；因此，在饱和区，三极管失去了电流放大作用。

③放大区：由各条输出曲线的平直部分组成的区域称为放大区。在放大区，三极管处于发射结正偏、集电结反偏的放大状态。I_c 与 U_{ce} 基本无关，即当 U_{ce} 变化时，I_c 基本不变；I_c 只受控于 I_b，当 I_b 有一微小变化时，I_c 就有 β 倍的变化与之对应，即 $\Delta I_c=\Delta\beta I_b$。这充分

体现了三极管的电流放大作用。

三、三极管的主要参数

（1）放大参数。共射极直流电流放大系数 $\bar{\beta}$（$\bar{\beta}\approx\beta$，β 为共射极交流放大倍数，这里不做区分）：

$$\beta=\frac{I_{\mathrm{C}}}{I_{\mathrm{B}}}$$

（2）集电极-基极反向击穿电压 βU_{Rcbo}。当发射极开路时，集电结所能承受的最高反向电压。

（3）集电极-发射极反向击穿电压 βU_{Rceo}。当基极开路时，集电极与发射极之间所能承受的最高反向电压。

（4）集电极最大电流 I_{CM}。当三极管的 β 下降到最大值的 0.5 倍时所对应的集电极电流。

（5）集电极最大允许耗散功率 P_{CM}。集电极最大允许耗散功率 P_{CM} 是根据三极管允许的最高温度确定的。集电极损耗功率 P_{C} 是指集电极-发射极电压 U_{ce} 与集电极电流 I_{C} 的乘积，即 $P_{\mathrm{C}}=U_{\mathrm{ce}}I_{\mathrm{C}}$。使用中 $U_{\mathrm{ce}}I_{\mathrm{C}}<P_{\mathrm{CM}}$。

单元二　　三极管放大电路分析

三极管的电流
放大作用

一、放大器的基本知识

1. VT₅ 放大器概述

（1）放大器。能够把微弱的电信号进行放大的装置称为放大器。放大器之所以能把小信号放大，是因为电源的直流能量通过电路转换成了交流信号的能量。可见，放大器可以看成一种受控能量转换器。它具有如下两个基本作用：

1）放大作用：一般放大器的输出信号（电流、电压或功率）大于输入信号；

2）传输作用：一般要求输出波形与输入波形相同或相近，即尽量不失真地传输。

（2）放大器的基本结构如图 4-9 所示。

（3）放大器的分类。

1）按用途划分：电压放大器、电流放大器、功率放大器。

2）按信号幅度划分：小信号放大器和大信号放大器。

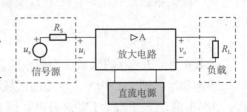

图 4-9　放大器方框图

3）按信号频率划分：直流放大器、低频放大器、中频放大器、高频放大器和视频放大器。

4）按工作状态划分：甲类放大器、乙类放大器、甲乙类放大器、丙类放大器及丁类放大器等。

5）按三极管的连接方式划分：共发射极放大器、共集电极放大器、共基极放大器。

（4）放大器的基本参数。

1）放大倍数。

电压放大倍数：$\qquad A_u = \dfrac{u_o}{u_i}$

电流放大器：$\qquad A_i = \dfrac{i_o}{i_i}$

功率放大倍数：$\qquad A_P = \dfrac{P_o}{P_i}$

三者之间关系：$\qquad A_P = A_u A_i$

2）增益与分贝。在应用中，为了表示和计算方便，放大器的放大能力常用放大倍数的对数值来表示，称为增益，用 G 表示。

电压增益：$\qquad G_u = 20 \lg \dfrac{u_o}{u_i}(\text{dB})$

电流增益：$\qquad G_i = 20 \lg \dfrac{i_o}{i_i}(\text{dB})$

功率增益：$\qquad G_P = 10 \lg \dfrac{P_o}{P_i}(\text{dB})$

放大倍数与分贝的换算见表 4-4。

表 4-4　放大倍数与分贝的换算表

A_u/倍	0.001	0.01	0.1	0.316	0.707	0.891	1	1.414	2
G_u/dB	−60	−40	−20	−10	−3	−1	0	3	6
A_u/倍	3.16	5	10	31.62	100	316	1 000	10 000	100 000
G_u/dB	10	14	20	30	40	50	60	80	100

3）输入电阻 r_i。输入电阻是表明放大电路从信号源吸取电流大小的参数，R_i 大，放大电路从信号源吸取的电流小，反之则大。R_i 的定义如图 4-10 和式（4-1）所示。

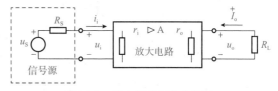

$$R_i = \dfrac{u_i}{i_i} \qquad (4\text{-}1)$$

图 4-10　放大器的输入电阻

4）输出电阻 r_o。输出电阻是当放大器不接负载时，从放大器的输出端向放大器里看进去的等效电阻。输出电阻表明放大电路带负载的能力，R_o 大，表明放大电路带负载的能力差，反之则强。R_o 的定义见式（4-2）。

$$R_o = \dfrac{u_o}{i_o} \qquad (4\text{-}2)$$

注意：放大倍数、输入电阻、输出电阻通常都是在正弦信号下的交流参数，只有在放大电路处于放大状态且输出不失真的条件下才有意义。

5）通频带。放大电路的增益 $A(f)$ 是频率的函数。在低频段和高频段，放大倍数通常都要下降。当 $A(f)$ 下降到中频电压放大倍数 A_0 的 $\dfrac{1}{\sqrt{2}}$ 时，即

$$A(f_\mathrm{L}) = A(f_\mathrm{H}) = \frac{A_\mathrm{o}}{\sqrt{2}} \approx 0.7A_\mathrm{o}$$

式中，频率 f_L 为下限频率，f_H 为上限频率，如图 4-11 所示。

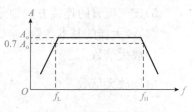

图 4-11　通频带的定义

（5）放大器分析方法。在分析放大器时，经常采用画等效电路和计算的方法，应注意以下两点：

1）画直流通路和交流通路方法。

①画直流通路时：将电路中的电容器视为开路(去除)，电路电感或线圈视为短路。

②画交流通路时：将电容器视为短路，将电源视为短路。

2）符号的标准写法。

①直流分量：主体大写，下标大写，如 I_B 表示基极直流电流。

②交流分量：主体小写，下标小写，如 i_b 表示基极交流电流。

③交直流总和：主体小写，下标大写，如 i_B 表示直流电流 I_B 与交流电流 i_b 的总和。

④正弦交流有效值：主体大写，下标小写，如 I_b、I_bm 分别表示交流电的有效值和最大值。

2. 放大器的工作原理

晶体三极管具有电流放大作用，晶体三极管必须加偏置电压才具有电流放大作用。

晶体三极管为什么要加偏置电压？

当晶体三极管无偏置时，如果把交流信号加到三极管的输入端，则待放大的交流信号的幅度往往很小[图 4-12(c)中虚线部分]，如果幅度不能超过发射极的门限电压（死区电压），则基极无电流产生——截止，更起不到放大作用。

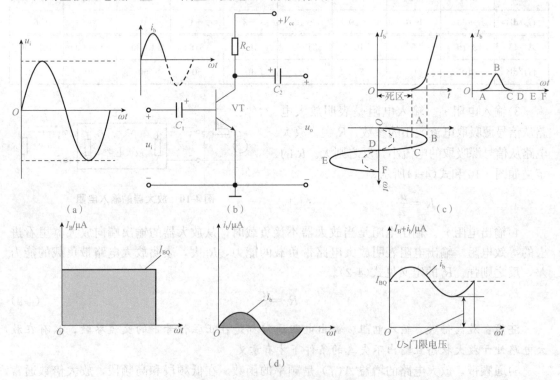

图 4-12　偏置对基极电流的影响

(a)输入信号波形；(b)无偏置电路；(c)无偏置电路基极电流的失真；(d)有偏置电路基极电流

74

如果逐渐加大交流信号的幅度[图 4-12(c)中实线部分所示]，也只有输入信号正半周的顶部超过了死区电压，这时发射极虽然导通了，但基极电流的波形不能复现输入信号的波形，产生了严重的失真。

集电结如果不加反向偏置电压，就没有收集载流子的能力，无法产生集电极电流。

综上所述，要使晶体三极管具有放大作用，必须给三极管加上正确的偏置电压——发射结正偏，集电结反偏。

一个放大器的静态工作点是否合适，是放大器能否正常工作的重要条件。

设置静态工作点的目的：使输入信号工作在三极管输入特性的线性部分，避开非线性部分对交流信号造成的失真。

二、共发射极放大电路

三极管典型放大
电路分析 1

1. 共发射极放大器的电路组成、各元件的作用

(1)电路组成如图 4-13 所示。

(2)电路中各元件的名称和作用。

1)U_{cc}：电源。为放大器提供直流能源。

2)VT：半导体三极管。它是放大器的核心，起电流放大作用；通过基极电流对集电极电流的控制作用，把电源的直流能量变为交流能量输出。

3)R_b：偏置电阻。把电源 U_{cc} 电压引到基极使基极加上适当的正偏电压(或电流)，R_b 的大小决定了基极电流 I_b 的大小，调节 R_b 可以改变 I_b 的大小。

注：在调整静态工作点时，通常用一个固定电路和电位器串联后代替电路图中的 R_b，以防止因 R_b 调得太小将三极管烧坏。

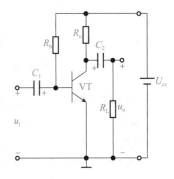

图 4-13　共射极放大器

4)R_c：集电极电阻。它有两个作用：一是给集电极提供合适的工作电压，使集电结反偏，集电极具有收集载流子的能力；二是把集电极电流的变化转换为电压的变化，通过耦合电容 C_2 输出。

5)C_1、C_2：隔直耦合电容。通过交流电，隔断直流电，即"隔直通交"作用。

6)R_L：放大器的负载。

2. 放大器的工作原理

(1)演示放大器电流控制和放大作用。演示说明：

1)图 4-14 中开关闭合时，集电极的灯泡亮，开关断开时，灯泡灭。这表明基极(电流)可以控制集电极(电流)。调节 R_{P2} 至适当位置时，可以看到发光二极管 D 发光(一般为几到十几毫安)，集电极的灯泡 R_L 也变亮(I_c 此时一般为几百毫安)。这表明较小的基极电流可以引起较大的集电极电流，即有直流放大作用。

2)较快速地往复调节 R_{P2} 时，可以看到发光二极管

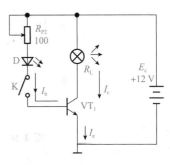

图 4-14　演示电流放大作用的放大器

D在闪动，集电极的灯泡R_L也在闪光。这表明较小的基极电流变化可以引起较大的集电极电流变化，即有交流放大作用。

（2）简单偏置共发射极放大器分析。直流分析的目的是计算放大器的静态工作点，是设计放大电路的基础。

当外加输入信号为零时，在直流电源的作用下，三极管的基极回路和集电极回路均存在着直流电流和直流电压，这些直流电流和直流电压在三极管的输入、输出特性曲线中对应一个点，因而称为静态工作点，如图 4-15 所示，即静态工作点是 I_{BQ}、U_{BEQ}、I_{CQ}、U_{CEQ}。

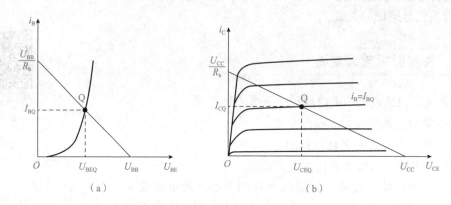

图 4-15　三极管的静态工作点与输入、输出特性曲线的对应

但由于三极管的U_{BEQ}的变化范围很小，可以近似取：

硅管——$U_{BEQ}=0.6\sim0.7$ V

锗管——$U_{BEQ}=0.1\sim0.3$ V

因此，计算静态工作点通常是指计算 I_{BQ}、I_{CQ}、U_{CEQ}的值。

要估算静态工作点，通常要先画出直流等效电路，然后进行推导和计算：

1）直流通路：它是计算静态工作点的依据。

其画法：将电路中的电容视为开路（去除），电路电感或线圈视为短路，如图 4-16 所示。

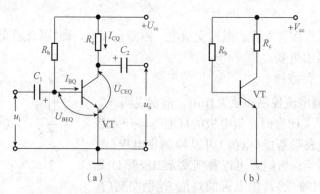

图 4-16　简单偏置共发射极放大器及其直流通路

（a）电路的简化画法；（b）直流通路

2）静态工作点：主要是指 I_{BQ}、I_{CQ}、U_{CEQ}。

简单共射极放大器的静态工作点可分为如下三步进行:

估算 I_{BQ}:
$$I_{BQ}=\frac{U_{cc}-U_{BEQ}}{R_b}\approx\frac{U_{cc}}{R_b}$$

计算 I_{CQ}:
$$I_{CQ}=\beta I_{BQ}$$

计算 U_{CEQ}:
$$U_{CEQ}=U_{cc}-I_{CQ}R_c$$

例: 图 4-17 所示的简单偏置放大电路中, 已知 $R_c=3$ kΩ, $R_b=280$ kΩ, $R_L=3$ kΩ, $\beta=50$。求静态工作点 I_{BQ}、I_{CQ} 和 U_{CEQ}(图中三极管为硅管)。

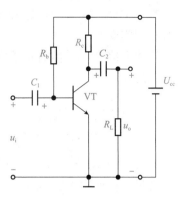

图 4-17　简单偏置放大器

直流分析:

①直流通路: 它是计算静态工作点的依据。

其画法: 将电路中的电容视为开路(移去), 直流通路如图 4-18 所示。

②静态工作点: (定义)主要是指 I_b、I_c、U_{ce}。

估算 I_{BQ}:
$$I_{BQ}=\frac{U_{cc}-U_{BEQ}}{R_b}\approx\frac{U_{cc}}{R_b}=\frac{12-0.7}{280}=0.04(\text{mA})=$$
40 μA

计算 I_{CQ}:
$$I_{CQ}=\beta I_{BQ}=50\times0.04=2(\text{mA})$$

计算 U_{CEQ}:
$$U_{CEQ}=U_{cc}-I_{CQ}R_c=12-2\times3=6(\text{V})$$

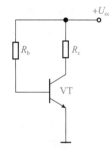

图 4-18　简单偏置放大器
的直流通路

3)简单共发射极放大器交流分析。

交流分析的目的是计算放大器的放大倍数。

画交流通路方法: 将电容器看成短路, 将电源对地看成短路。上题中的交流等效通路如图 4-19 所示。

①输入电压 U_i: 　$u_i=i_b(R_b/\!/r_{be})$

②输出电压 u_o: 　$u_o=i_c(R_c/\!/R_L)=i_c\dfrac{R_cR_L}{R_c+R_L}$

称 $\dfrac{R_cR_L}{R_c+R_L}$ 为总负载, 令 $\dfrac{R_cR_L}{R_c+R_L}=R'_L$

③计算 A_u。

$$A_u=-\beta\frac{R'_L}{r_{be}}\quad (\text{有负载时})$$

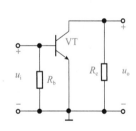

图 4-19　简单偏置放大器的交直流通路

$$A_u=-\beta\frac{R_c}{r_{be}}\quad (\text{无负载时})$$

式中的负号表示输出信号与输入信号相位相反。

在上面的例题中, 代入数据可以算出:

有负载时的电压放大倍数: $A_u=-\beta\dfrac{R'_L}{r_{be}}=-50\times\dfrac{1\,500}{750}=-100$(倍)

上式中, $R'_L=\dfrac{R_c\times R_L}{R_c+R_L}=\dfrac{3\times3}{3+3}=1.5$(k$\Omega$)$=1\,500$ Ω, 负号表示输出信号与输入信号相位相反。

空载时的电压放大倍数: $A_u=-\beta\dfrac{R_c}{r_{be}}=-50\times\dfrac{3\,000}{750}=-200$(倍)

结论: 有负载时的放大倍数比空载时有所下降。

4)简单偏置共发射极放大器波形分析。

重要提示：放大器传输和放大交流电压信号，是通过下列过程实现的。

当输入信号通过耦合电容加在三极管的发射结，于是有下列过程：

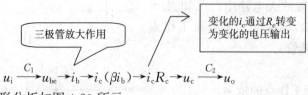

波形分析如图4-20所示。

结论：共发射极放大器有电流和电压放大能力，并且输出电压的相位与输入电压的相位相反，即共发射极放大器具有倒相作用。

三、分析共基极放大电路

共基极放大器由于频率特性好，因此多用在调频和宽频带放大器中。电路如图4-21所示。用交流分析方法可以得到：

电压放大倍数：
$$A_u = \frac{\beta R'_L}{r_{be}}$$

输入电阻：
$$r_i = R_e /\!/ \frac{r_{be}}{1+\beta} \approx \frac{r_{be}}{1+\beta}$$

输出电阻：
$$r_o = R_c$$

结论：共基极放大器有电压放大能力（放大倍数大小和共射极放大器相同，但无倒相作用），无电流放大能力；输入电阻很小（一般只有几欧～几十欧），输出电阻较大。

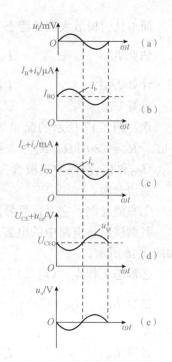

图4-20 简单偏置放大器的波形分析

(a)输入电压波形；(b)基极电流波形；(c)集电极电流波形；(d)集电极电压波形；(e)输出电压波形

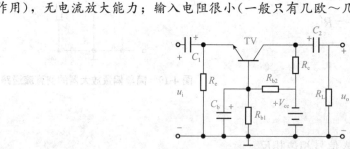

图4-21 共基极输出器交直流通路

四、分析共集电极放大电路

根据输入信号与输出信号公共端的不同，放大器有三种基本的接法（或称为组态），即共射极放大器、共集电极放大器和共基极放大器。前面已较详细地介绍了共射极放大器，共集电极放大器也称为射极输出器，又称射极跟随器，它具有输出电阻小、负载能力强等特点，广泛用于缓冲级电路。其电路如图4-22所示。静态分析，画直流通路，如图4-23所示。动态分析，画交流通路，如图 4-24 所示。

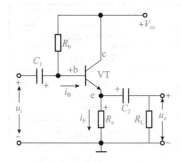
图 4-22 射极输出器电路

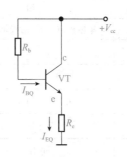
图 4-23 射极输出器直流通路

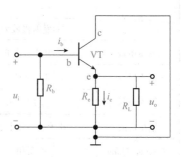
图 4-24 射极输出器交流通路

由交流通路可以得出：

输入电压 u_i：$u_i = i_b \times r_{be} + i_e R'_e = i_b r_{be} + (1+\beta) i_b R'_e$

其中，

$$R'_e = R_e /\!/ R_L = \frac{R_e \times R_L}{R_e + R_L}$$

输出电压 u_o：

$$u_o = i_e R_e = (1+\beta) i_b R'_e$$

电压放大倍数：

$$A_u = \frac{u_o}{u_i} = \frac{(1+\beta) R'_e}{r_{be} + (1+\beta) R'_e} \approx 1 \quad (\text{有负载时})$$

$$A_u = \frac{u_o}{u_i} = \frac{(1+\beta) R_e}{r_{be} + (1+\beta) R_e} \approx 1 \quad (\text{无负载时})$$

结论： 共集电极放大器无电压放大作用，有电流放大作用，输出电阻小，负载能力强。

三极管典型放大
电路分析 2

五、三种基本组态的放大器比较

三种基本放大器(共发射极、共集电极、共基极)各自的特点见表 4-5。

(1)共发射极放大器的电压、电流和功率放大倍数都较大，输入电阻、输出电阻适中，所以在多级放大器中可以作为输入级、输出级和中间级，应用最普遍。

(2)共集电极放大器无电压放大能力($A_u \approx 1$)，但有电流放大能力，它的输入电阻大，输出电阻小，负载能力强。因此除用作输入级、缓冲级外，也常作为功率输出级。

(3)共基极放大器的主要特点是输入电阻小、频率特性好，所以多用在调频或宽频带放大电路中。

表 4-5 三种组态放大器特点比较一览表

电路特点	组态		
	共发射极放大器	共集电极放大器(射极输出器)	共基极放大器
组成电路			

电路特点	组态		
	共发射极放大器	共集电极放大器(射极输出器)	共基极放大器
电压增益	几十~几百	$A_u \approx 1$	几十~几百
电流增益	几十~100	几十~100	略小于1
输入电阻	约1 kΩ	几十~几百千欧	几十欧
输出电阻	几千欧~几十千欧	几十欧	几千欧~几百千欧
关系(u_o 与 u_i)	反相	同相	同相
频率响应	差	较好	好

六、三极管开关特性

三极管构成的电子开关,具有体积小、开关速度高、抗干扰能力强等优点,在电子电路中应用很广。三极管作为电子开关使用时,只要选取阻值合适的基极限流电阻,使管子工作于截止区和饱和区,即可实现开关功能。下面以一个简单的三极管开关电路为例,来详细介绍三极管是如何作为电子开关使用的。

三极管开关
状态分析

1. 三极管开关特性原理

图 4-25 所示的三极管 VT 工作于开关状态,电阻 R 为 VT 基极的限流电阻,R_L 为 VT 的集电极负载。

当 V_{in} 为高电平(这里假定高电平为 6 V,实际这个电路中高电平只要≥0.8 V 即可)时,VT 的基极获得足够大的偏置电流而导通。此时,VT 的集电极-发射极之间的电阻变得很小,如同一个闭合的开关,故 R_L 得电工作,若 R_L 为一个指示灯,此时即可点亮。

当 V_{in} 为低电平(这里假定低电平为 0 V,实际只要低电平≤0.5 V 即可)时,VT 的基极失去偏置电流而截止。此时,VT 集电极-发射极之间的电阻变得甚大,如同一个断开的开关,故此时 R_L 失电停止工作,若 R_L 为指示灯,此时将无法点亮。

2. 三极管开关电路中基极限流电阻的选择

图 4-26 所示的三极管为 9013,该管为常用的小功率 NPN 型三极管,其 $\beta V_{ceo}=25$ V,$I_{cm}=500$ mA,$P_{cm}=625$ mW,$f_T=150$ MHz。该管的引脚排列如图 4-26 所示。

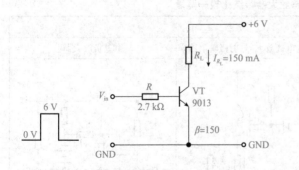

图 4-25 简单的三极管开关电路

图 4-26 TO-92 封装的 9013 三极管

这里假定 9013 的 β 为 150，集电极负载电流 IR_L 为 150 mA，则三极管的基极电流 $I_b=I_c/\beta=150/150=1(\text{mA})$。为了使三极管能够充分饱和导通，以减小其饱和压降，一般可取 $(1.5\sim2)I_b$。这里假定 VT 发射结的电压 $V_{be}=0.65$ V，则基极限流电阻 $R=(6-0.65)/2=2.675(\text{k}\Omega)$，实际中可以选用标称值为 2.7 k$\Omega$ 的电阻。

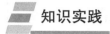 知识实践

前置放大电路的制作与调试

一、前置放大器电路图及元件清单

(1)电路方框图如图 4-27 所示。

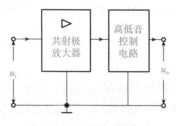

基本放大电路
各点的波形

图 4-27　前置放大器框图

(2)前置放大器电路原理图如图 4-28 所示。

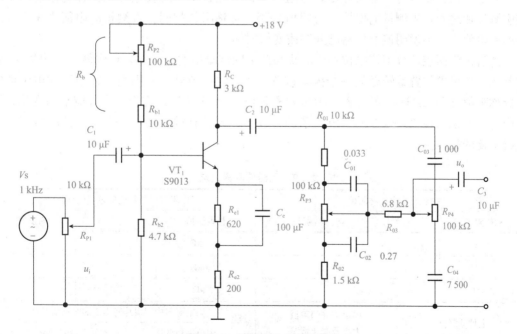

图 4-28　前置放大器电路图

（3）元件清单见表4-6。

表4-6　元件清单

元件代号	元件参数	数量	元件代号	元件参数	数量	备　注
VT_1	S9013	1	R_c	3 kΩ	1	①未标出功率的电阻一律为1/4 W；②图中R_{P2}可采用微调电位器；③电容量值带小数点的，其单位为μF；④电容量值不带小数点的，其单位为pF
R_{P1}电位器	10 kΩ	1	R_{e1}	620	1	
R_{P2}电位器	100 kΩ	1	R_{e2}	200	1	
R_{P3}电位器	100 kΩ	1	R_{01}	10 kΩ	1	
R_{b1}	10 kΩ	1	R_{02}	1.5 kΩ	1	
R_{b2}	4.7 kΩ	1	R_{03}	6.8 kΩ	1	
C_1，C_2，C_3	10 μF/25 V	3	C_e	100 μF/25 V	1	
C_{11}	0.033	1	C_{02}	0.27	1	
C_{03}	1 000	1	C_{04}	7 500	1	

二、任务实施步骤

（1）检测元件。

1）检测电阻器：用万用表检测电阻器和电位器，记录在表4-7中。

2）检测电解电容：用万用表×100 Ω检测，记下指针偏转位置，记录在表4-7中。

3）检测三极管：用万用表×1 kΩ判别电极分布情况，测出各三极管的发射结、集电结正、反向电阻，记录在表4-7中。

4）电位器：测量时，选用万用表电阻挡的适当量程，将两表笔分别接在电位器两个固定引脚焊片之间，先测量电位器的总阻值是否与标称阻值相同。若测得的阻值为无穷大或较标称阻值大，则说明该电位器已开路或变值损坏。

然后再将两表笔分别接电位器中心头与两个固定端中的任一端，慢慢转动电位器手柄，使其从一个极端位置旋转至另一个极端位置，正常的电位器，万用表表针指示的电阻值应从标称阻值（或 0 Ω）连续变化至 0 Ω（或标称阻值）。整个旋转过程中，表针应平稳变化，而不应有任何跳动现象。若在调节电阻值的过程中，表针有跳动现象，则说明该电位器存在接触不良的故障。

表4-7　元器件测量记录

由色环写出标称阻值			由阻值写出相应的色环（色码）		
标称阻值	色环	测量值	标称阻值	色环	测量值
620 Ω			4.7 kΩ		
200 Ω			6.8 kΩ		
3 kΩ			10 kΩ		
电位器测量（一边测一边缓慢均匀地调节旋钮）	固定端之间阻值大小及变化情况		固定端与中间滑片间阻值的变化情况		
			阻值平稳变化		阻值突变

由色环写出标称阻值			由阻值写出相应的色环(色码)		
标称阻值	色环	测量值	标称阻值	色环	测量值
由数码写出电容器的标称容量			由电路图上的标记写出该电容器的电容量		
数码	电容量	数码	电容量	标记	电容量	标记	电容量
100		684		1n		100n	
101		151		2m2		3n3	
333		104		6n8		339	
三极管 S9013 检测	发射结正向电阻		集电结正向电阻		
	发射结反向电阻		集电结反向电阻		
很小容量的电容测量（5 000 pF 以下）	万用表指针是否有明显偏转(思考为什么)				
较小容量电容测量（0.01～0.47 μF）	用×100 Ω 或×1 kΩ 挡指针是否明显偏转		用×10 kΩ 挡指针是否明显偏转		
大容量电容测量（220～2 200 μF）	×10 kΩ 挡指针退回速度如何？	为节约检测时间应该用哪一挡较好？	正向测量和反向测量有何差别？		

(2)组装电路。

1)根据电路图挑选出元器件。

2)设计元件布局：元件布局可参考图 4-29。

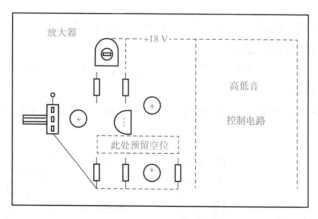

图 4-29　元器件布局图

3)在电路板上安装并焊接图 4-29 所示电路，要求元件排布整齐，便于测量，无错误，焊点可靠。将元件引脚统一弯成如图 4-30 所示的样子，要求各类元件尺寸统一，便于安装。

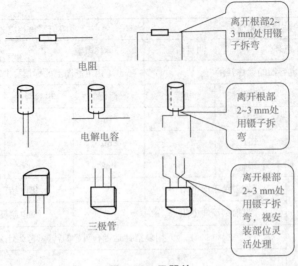

图 4-30 元器件

若元件引脚表面有氧化，应先清除氧化层，然后搪锡，再插元件、焊接、剪脚、连线。可参考图 4-31。

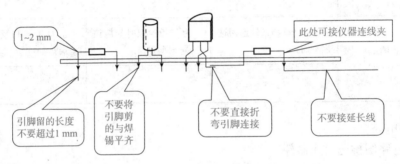

图 4-31 焊接工艺要求示意图

两个焊点间的连线，距离长一些的可用剪下来的元件脚连接，距离短的可用拖拉焊锡的方法连接，可视具体情况灵活处理。

4）检查电路：采用自检与互检相结合，确保无误后通电，准备调静态工作点。

（3）调整静态工作点。

1）用小螺钉旋具微调 RV1，使集电极电流 $I_C = 2$ mA。测量集电极电流常用下面两种方法，如图 4-32 所示。

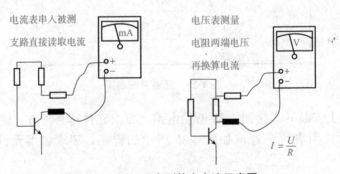

图 4-32 用万用表测静态电流示意图

分压偏置式放大电路，是交流电压放大器常用的一种基本单元电路，如图4-33所示。

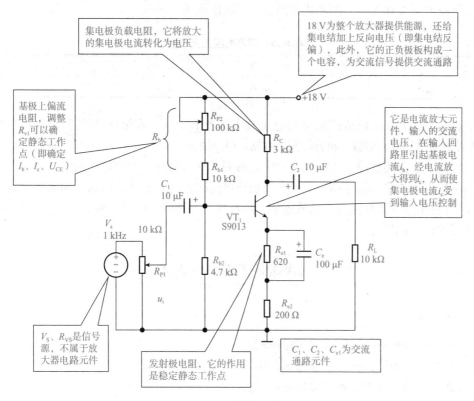

图4-33 分压偏置式放大电路

2)测量静态工作点，填表4-8。

表4-8 放大器的静态工作点

放大器的静态工作点			$I_b = \dfrac{I_c}{\beta}$ (μA)
V_{cc}/V	I_c/mA	U_{ce}/V	(设 $\beta = 100$)
12 V			

(4)测量电压放大倍数 A_u。示波器的红夹接负载电阻上端，黑夹接地（在测量全过程中，示波器的任务是监视放大器输出电压，所有测量都是在不失真输出状态下进行的）。调节信号源音频输出至较大，调节 R_{P1}，使放大器输入 10 mV 左右（用毫伏表测量，红夹接 C_1 任一端，黑夹接地，量程调至 30 mV），将毫伏表量程调到 3 V 或 10 V，红夹移至输出端，测 C_2 任一端，读输出电压值，换算电压放大倍数 A_u，填表4-9。

表4-9 电压放大倍数

U_i/mV	U_o/mV	A_u

1)将放大器调整到最大不失真状态。在上一步基础上，调节 R_{vs}，逐渐增大输入信号，观察输出波形，当上部或下部波形出现削顶时，调节 R_{v1} 消除，再增大输入信号，直至上、

下都出现波形削顶时，调 R_{v1} 使削顶的宽度相同，再减小输入信号，使削顶刚好消失。此时放大器即最大不失真状态。用毫伏表测输入、输出电压，填表 4-10。

表 4-10　测量电压放大倍数

U_i/mV	U_o/mV	A_u

2) 选作：研究集电极负载电阻对电压放大倍数的影响。在第(4)步的基础上，改变 R_{c1}，可改变放大器电压放大倍数，再比较测量数据，得出结论。

3) 回顾：你在调整静态工作点过程中，遇到了什么问题？如何解决的？

你在使用示波器、信号源、毫伏表及稳压电源时，遇到了什么问题？如何解决的？

(5) 将制作的前置放大器与功放连接，进行放音、调音、听音试验。

(6) 总结试验报告。

射极跟随器安装与调试

一、试验目的

(1) 进一步理解射极跟随器的工作原理。

(2) 掌握射极跟随器的特性及测试方法。

(3) 进一步学习放大器各项参数测试方法。

二、试验仪器与器件

(1) 直流稳压电源 1 台。

(2) 函数信号发生器 1 台。

(3) 双踪示波器 1 台。

(4) 交流毫伏表 1 台。

(5) 直流电压表 1 台。

(6) 万用表 1 台。

(7) 频率计 1 台。

(8) 三极管 1 只。

(9) 电阻器、电容器、电位器若干。

三、试验原理

射极跟随器的电路如图 4-34 所示。它是一个电压串联负反馈放大电路，具有输入电阻高、输出电阻低、电压放大倍数接近 1、输出电压能够在较大范围内跟随输入电压作线性变化，以及输入、输出信号同相等特点。由于射极跟随器的输出取自发射极，故称其为射极输出器。

1. 静态工作点的设置

射极跟随器的电路如图 4-34 所示。其静态工作点计算如下：

$$I_{BQ} = \frac{U_{cc} - U_{BEQ}}{R_B + (1+\beta)R_E}$$

$$I_{EQ} = (1+\beta)I_{BQ}$$
$$U_{CEQ} = U_{cc} - I_{EQ}R_E$$

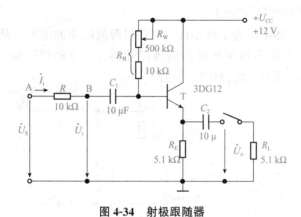

图 4-34 射极跟随器

2. 性能指标与测试方法

(1)输入电阻 R_i。在图 4-34 电路中，如考虑偏置电阻 R_B 和负载 R_L 的影响，则

$$R_i = R_B // [r_{be} + (1+\beta)(R_E // R_L)]$$

由上式可知射极跟随器的输入电阻比共射放大电路的输入电阻要高得多，但由于偏置电阻 R_B 的分流作用，输入电阻难以进一步提高。

输入电阻的测试方法同共射放大器，如图 4-34 所示。可得

$$R_i = \frac{U_i}{I_i} = \frac{U_i}{U_s - U_i} \cdot R_s$$

即只要测得 A、B 两点的对地电位即可计算出 R_i。

(2)输出电阻 R_o。在图 4-34 电路中，如考虑信号源内阻 R_s，则输出电阻为

$$R_o = R_e // \frac{(R_s // R_b) + r_{be}}{1+\beta} \approx \frac{(R_s // R_b) + r_{be}}{1+\beta}$$

由上式可知射极跟随器的输出电阻比共射放大器的输出电阻低得多。三极管的 β 越高，输出电阻越小。

输出电阻 R_o 的测试方法同共射放大器，即先测出空载输出电压 U_o，再测接入负载 R_L 后的输出电压 U_L，可得

$$R_o = \left(\frac{U_o}{U_L} - 1\right)R_L$$

(3)电压放大倍数。在图 4-34 电路中，电压放大倍数为

$$A_u = \frac{(1+\beta)(R_E // R_L)}{r_{be} + (1+\beta)(R_E // R_L)}$$

上式说明射极跟随器的电压放大倍数小于或等于 1，且为正值，这是深度电压负反馈的结果。但输出电流为射极电流，比基流电流放大 $(1+\beta)$ 倍，所以射极跟随器具有一定的电流放大和功率放大的作用。

(4)电压跟随范围。电压跟随范围是指射极跟随器输出电压跟随输入电压作线性变化的区域。当输入电压超过一定范围时，输出电压便不能跟随输入电压作线性变化，即输出波形产生了失真。为了使输出电压正、负半周对称，并充分利用电压跟随范围，静态工作点

应选在交流负载线中点。测量时，可直接用示波器读取输出电压的峰值，即电压跟随范围；或用交流毫伏表读取输出电压的有效值，则电压跟随范围为 $V_{opp}=2\sqrt{2}U_o$。

3. 采用自举电路的射极跟随器

在一些电子测量仪器中，为了减小仪器对信号源所取用的电流，从而得到高测量精度，通常采用图 4-35 所示的带有自举电路的射极跟随器。该电路可以提高偏置电路的等效电阻，从而保证射极跟随器有足够高的输入电阻。

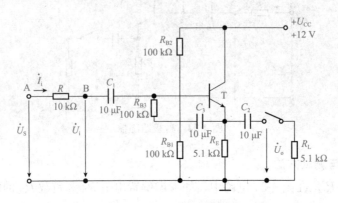

图 4-35　带自举电路的射极跟随器

四、试验内容

1. 电路的安装与调试

用万用表检查三极管的好坏、电阻的阻值及电容的充放电情况，并测量三极管的 β 值。按图 4-35 组接电路。在检查无误后，通电调试。

2. 静态工作点的调整与测量

接通 +12 V 直流电源，在 B 点输入 $f=1$ kHz 正弦信号 u_i，输出端用示波器监视输出波形，反复调整 R_B 及信号源的输出幅度，在示波器的屏幕上得到一个最大不失真输出波形，然后置 $u_i=0$，用直流电压表测量三极管各电极对地电位，计算静态工作点，将数据记入表 4-11 中。

表 4-11　静态工作点

U_E/V	U_B/V	U_C/V	计算 I_E/mA

注意：在整个测试过程中应保持 R_B 不变（即保持静态工作点 I_E 不变）。

3. 测量电压放大倍数 A_u

接入负载 $R_L=1$ kΩ，在 B 点加 $f=1$ kHz 正弦信号 u_i，调节输入信号幅度，用示波器观察输出波形 u_o。在输出最大不失真情况下，用交流毫伏表测 U_i、U_L 值，计算电压放大倍数 A_u。将数据记入表 4-12 中。

表 4-12　电压放大倍数

U_i/V	U_L/V	A_u

4. 测量输入电阻 R_i

在 A 点加 $f=1$ kHz 的正弦信号 u_s，用示波器监视输出波形，用交流毫伏表分别测出 A、B 点对地的电位 U_i、U_s，计算 R_i。将数据记入表 4-13 中。

表 4-13　对地的电位

U_s/V	U_i/V	R_i/kΩ

5. 测量输出电阻 R_o

接入负载 $R_L=1$ kΩ，在 B 点加 $f=1$ kHz 正弦信号 u_i，用示波器监视输出波形，分别测量空载时和有负载时的输出电压 U_o 和 U_L，计算 R_o。将数据记入表 4-14 中。

表 4-14　空载时和有负载时的输出电压

U_o/V	U_L/V	R_o/kΩ

6. 电压跟随特性的测试

接入负载 $R_L=1$ kΩ，在 B 点加 $f=1$ kHz 正弦信号 u_i，逐渐增大输入信号 u_i 幅度，用示波器监视输出波形直至输出波形达最大不失真，测量对应的 U_L 值，记入表 4-15 中。

表 4-15　电压跟随特性

U_i/V	
U_L/V	

7. 频率响应特性的测试

保持输入信号 u_i 幅度不变，改变信号源频率，用示波器监视输出波形，用交流毫伏表测量不同频率下的输出电压 U_L 值，记入表 4-16 中。

表 4-16　频率响应特性

f/kHz	
U_L/V	

8. 验证自举电路提高射极跟随器输入电阻的作用

图 4-35 所示为带有自举电路的射极跟随器。测试电路的电压放大倍数、输入电阻、输出电阻，方法同前。体会自举电路放大器性能指标的影响。

9. 注意事项

(1)使用信号发生器前应将"输出细调或正弦幅度"调到最小，然后接通电源。防止输入信号过大，产生不良影响。

(2)几个仪器共同使用时，必须遵守"共地"连接的原则。

(3)严禁信号发生器、稳压电源的输出端短路，以防损坏仪器。

(4)试验完毕按有关规定恢复仪器的面板开关旋钮的位置。

五、试验报告

(1)整理试验数据，比较并分析不同元件参数和工作条件时，对 R_i、R_o 和 A_u 的影响。

(2)画出 $U_L = f(U_i)$ 和 $U_L = f(f)$ 的曲线，分析电压跟随特性和频率响应特性。

六、思考题

(1)测量 $U_L = f(U_i)$ 曲线时，用一只毫伏表先后测量 U_L 和 U_i 好，还是用两只毫伏表分别测量 U_L 和 U_i 好，为什么？

(2)电阻 R_B 的选择对提高放大电路输入电阻有何影响？

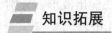 **知识拓展**

场效应三极管结构及特性

一、场效应管的原理、结构

场效应三极管(Field Effect Transistor，FET)简称场效应管。一般的三极管是由两种极性的载流子，即多数载流子和反极性的少数载流子参与导电，因此称为双极型三极管，而 FET 仅是由多数载流子参与导电，它与双极型相反，也称为单极型三极管。它属于电压控制型半导体器件，具有输入电阻高($10^8 \sim 10^{15}$ Ω)、噪声小、功耗低、动态范围大、易于集成、没有二次击穿现象、安全工作区域宽等优点，现已成为双极型三极管和功率三极管的强大竞争者。

1. 场效应管的分类

场效应管分为结型、绝缘栅型两类。结型场效应管(JFET)(图 4-36)因有两个 PN 结而得名，绝缘栅型场效应管(JGFET)因栅极与其他电极完全绝缘而得名。目前在绝缘栅型场效应管中，应用最为广泛的是 MOS 场效应管，简称 MOS 管(即金属-氧化物-半导体场效应管 MOSFET)；此外还有 PMOS、NMOS 和 VMOS 功率场效应管，以及 πMOS 场效应管、VMOS 功率模块等。

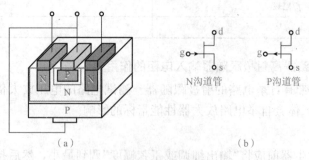

MOS 场效应管
的认知

图 4-36 结型场效应管的结构和符号

(a)结构；(b)符号

按沟道半导体材料的不同，结型和绝缘栅型各分 N 沟道和 P 沟道两种。若按导电方式来划分，场效应管又可分成耗尽型与增强型。结型场效应管均为耗尽型，绝缘栅型场效应管既有耗尽型的，也有增强型的。

场效应三极管可分为结型场效应三极管和 MOS 场效应三极管，而 MOS 场效应三极管又分为 N 沟耗尽型和增强型，P 沟耗尽型和增强型四大类，如图 4-37 所示。

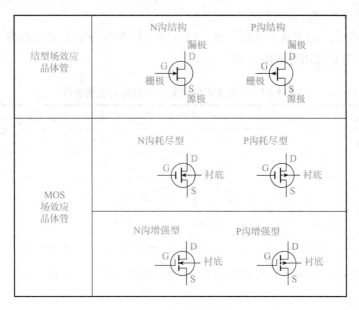

图 4-37　场效应管类型

2. 场效应三极管的型号命名方法

现行有两种命名方法。第一种命名方法与双极型三极管相同，第三位字母 J 代表结型场效应管，O 代表绝缘栅型场效应管。第二位字母代表材料，D 是 P 型硅，反型层是 N 沟道；C 是 N 型硅 P 沟道。例如，3DJ6D 是结型 N 沟道场效应三极管，3DO6C 是绝缘栅型 N 沟道场效应三极管。

第二种命名方法是 CS××♯，CS 代表场效应管，×× 以数字代表型号的序号，♯ 用字母代表同一型号中的不同规格。例如 CS14A、CS45G 等。

3. 场效应管的参数

场效应管的参数很多（表 4-17），包括直流参数、交流参数和极限参数，但一般使用时关注以下主要参数：

(1)I_{DSS}——饱和漏源电流，是指结型或耗尽型绝缘栅场效应管中，栅极电压 $U_{GS}=0$ 时的漏源电流。

(2)U_P——夹断电压，是指结型或耗尽型绝缘栅场效应管中，使漏源间刚截止时的栅极电压。

(3)U_T——开启电压，是指增强型绝缘栅场效管中，使漏源间刚导通时的栅极电压。

(4)g_M——跨导，是表示栅源电压 U_{GS} 对漏极电流 I_D 的控制能力，即漏极电流 I_D 变化量与栅源电压 U_{GS} 变化量的比值。g_M 是衡量场效应管放大能力的重要参数。

(5)BU_{DS}——漏源击穿电压，是指栅源电压 U_{GS} 一定时，场效应管正常工作所能承受的最大漏源电压。这是一项极限参数，加在场效应管上的工作电压必须小于 BU_{DS}。

(6)P_{DSM}——最大耗散功率，也是一项极限参数，是指场效应管性能不变坏时所允许的最大漏源耗散功率。使用时，场效应管实际功耗应小于 P_{DSM} 并留有一定余量。

（7）I_{DSM}——最大漏源电流，是一项极限参数，是指场效应管正常工作时，漏源间所允许通过的最大电流。场效应管的工作电流不应超过 I_{DSM}。

4. 场效应管的作用

（1）场效应管可应用于放大电路。由于场效应管放大器的输入阻抗很高，因此耦合电容可以容量较小，不必使用电解电容器。

表 4-17　几种常用的场效应三极管的主要参数

参数型号	P_{DM}/mW	I_{DSS}/mA	VR_{DS}/V	VR_{OS}/V	V_P/V	$g_M/(mA \cdot V^{-1})$	f_M/MHz
3DJ2D	100	<0.35	>20	>20	-4	$\geqslant 2$	300
3DJ7E	100	<1.2	>20	>20	-4	$\geqslant 2$	90
3DJ15H	100	$6\sim11$	>20	>20	-5.5	$\geqslant 8$	
3DO2E	100	$0.35\sim1.2$	>12	>25			1 000
CS11C	100	$0.3\sim1$		-25	-4	$\geqslant 2$	

（2）场效应管很高的输入阻抗非常适合作阻抗变换。常用于多级放大器的输入级作阻抗变换。

（3）场效应管可以用作可变电阻。

（4）场效应管可以方便地用作恒流源。

（5）场效应管可以用作电子开关。

5. 场效应管的测试

（1）结型场效应管的引脚识别。场效应管的栅极相当于三极管的基极，源极和漏极分别对应于三极管的发射极和集电极。将万用表置于 $R\times1$ k 挡，用两表笔分别测量每两个引脚间的正、反向电阻。当某两个引脚间的正、反向电阻相等，均为数 kΩ 时，则这两个引脚为漏极 D 和源极 S（可互换），余下的一个引脚即栅极 G。对于有 4 个引脚的结型场效应管，另外一极是屏蔽极（使用中接地）。

（2）判定栅极。用万用表黑表笔碰触管子的一个电极，红表笔分别碰触另外两个电极。若两次测出的阻值都很小，说明均是正向电阻，该管属于 N 沟道场效应管，黑表笔接的是栅极。

制造工艺决定了场效应管的源极和漏极是对称的，可以互换使用，并不影响电路的正常工作，所以不必加以区分。源极与漏极间的电阻约为几千欧。

注意不能用此法判定绝缘栅型场效应管的栅极。因为这种管子的输入电阻极高，栅源间的极间电容又很小，测量时只要有少量的电荷，就可在极间电容上形成很高的电压，容易损坏。

（3）估测场效应管的放大能力。将万用表拨到 $R\times100$ 挡，红表笔接源极 S，黑表笔接漏极 D，相当于给场效应管加上 1.5 V 的电源电压。这时表针指示出的是 D-S 极间的电阻值。然后用手指捏栅极 G，将人体的感应电压作为输入信号加到栅极上。由于放大作用，U_{DS} 和 I_D 都将发生变化，也相当于 D-S 极间电阻发生变化，可观察到表针有较大幅度的摆动。如果手捏栅极时表针摆动很小，说明放大能力较弱；若表针不动，则说明已经损坏。

由于人体感应的 50 Hz 交流电压较高，而不同的场效应管用电阻挡测量时的工作点可能不同，因此用手捏栅极时表针可能向右摆动，也可能向左摆动。少数场效应管的 R_{DS} 减小，使表针向右摆动；多数 R_{DS} 增大，表针向左摆动。无论表针的摆动方向如何，只要能有明显摆动，就说明场效应管具有放大能力。

本方法也适用于测 MOS 场效应管。为了保护 MOS 场效应管，必须用手握住螺钉旋具绝缘柄，用金属杆去碰栅极，以防止人体感应电荷直接加到栅极上，造成损坏。

MOS 管每次测量完毕，G-S 结电容上会充有少量电荷，建立起电压 U_{GS}，再接着测时表针可能不动，此时将 G-S 极间短路一下即可。

目前常用的结型场效应管和 MOS 型绝缘栅场效应管的引脚顺序如图 4-38 所示。

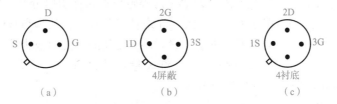

（a）   （b）   （c）

图 4-38　常用的结型场效应管和 MOS 型绝缘栅场效应管的引脚顺序

(a)3DJ 引脚；(b)结型场效应管；(c)绝缘栅场效应管

二、常用的场效应管

1. MOS 场效应管

(1)MOS 场效应管的分类。MOS 场效应管即金属-氧化物-半导体型场效应管，英文缩写为 MOSFET(Metal-Oxide-Semiconductor Field-Effect-Transistor)，属于绝缘栅型。其主要特点是在金属栅极与沟道之间有一层二氧化硅绝缘层，因此具有很高的输入电阻(最高可达 1 015 Ω)。它也分 N 沟道管和 P 沟道管，符号如图 4-39 所示。通常是将衬底(基板)与源极 S 接在一起。根据导电方式的不同，MOSFET 又分增强型、耗尽型。增强型是指，当 $V_{GS}=0$ 时，管子是呈截止状态，加上正确的 V_{GS} 后，多数载流子被吸引到栅极，从而"增强"了该区域的载流子，形成导电沟道。耗尽型则是指，当 $V_{GS}=0$ 时即形成沟道，加上正确的 V_{GS} 时，能使多数载流子流出沟道，因而"耗尽"了载流子，使管子转向截止。

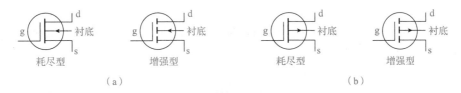

耗尽型　　　增强型　　　　　耗尽型　　　增强型

（a）　　　　　　　　　　　（b）

图 4-39　N 沟道管和 P 沟道管

(a)N 沟道；(b)P 沟道

以 N 沟道为例，它是在 P 型硅衬底上制成两个高掺杂浓度的源扩散区 N+ 和漏扩散区 N+，再分别引出源极 S 和漏极 D。源极与衬底在内部连通，两者总保持等电位。图 4-39(a)符号中的箭头方向是从外向里，表示从 P 型材料(衬底)指向 N 型沟道。当漏极接电源正极，源极接电源负极并使 $V_{GS}=0$ 时，沟道电流(即漏极电流)$I_D=0$。随着 V_{GS} 逐渐升高，受栅极正电压的吸引，在两个扩散区之间就感应出带负电的少数载流子，形成从漏极到源极的 N 型沟道，当 V_{GS} 大于管子的开启电压 V_{TN}（一般约为 $+2\,V$）时，N 沟道管开始导通，形成漏极电流 I_D。

MOS 场效应管比较"娇气"。这是由于它的输入电阻很高，而栅-源极间电容又非常小，极易受外界电磁场或静电的感应而带电，而少量电荷就可在极间电容上形成相当高的电压（$U=Q/C$），造成损坏。因此出厂时各引脚都绞合在一起，或装在金属箔内，使 G 极与 S 极呈等电位，防止积累静电荷。不使用时，全部引线也应短接。在测量时应格外小心，并采取相应的防静电措施。

（2）MOS 场效应管的检测方法。

1）准备工作。测量之前，先把人体对地短路后，才能摸触 MOSFET 的引脚，最好在手腕上接一条导线与大地连通，使人体与大地保持等电位；再把引脚分开，然后拆掉导线。

2）判定电极。将万用表拨至 $R\times100$ 挡，首先确定栅极。若某脚与其他脚的电阻都无穷大，证明此脚就是栅极 G。交换表笔重新测量，S-D 之间的电阻值应为几百欧至几千欧，其中阻值较小的那一次，黑表笔接的是 D 极，红表笔接的是 S 极。日本生产的 3SK 系列产品，S 极与管壳接通，据此很容易确定 S 极。

3）检查放大能力（跨导）。将 G 极悬空，黑表笔接 D 极，红表笔接 S 极，然后用手指触摸 G 极，表针应有较大的偏转。双栅 MOS 场效应管有两个栅极 G_1、G_2。为便于区分，可用手分别触摸 G_1、G_2 极，其中表针向左侧偏转幅度较大的为 G_2 极。

目前有的 MOSFET 管在 G-S 极间增加了保护二极管，平时不需要各引脚短路。

（3）MOS 场效应管使用注意事项。MOS 场效应管在使用时应注意分类，不能随意互换。MOS 场效应管由于输入阻抗高（包括 MOS 集成电路）极易被静电击穿，使用时应注意以下规则：

1）MOS 器件出厂时通常装在黑色的导电泡沫塑料袋中，切勿随便拿袋装。也可用细铜线把各个引脚连接在一起，或用锡纸包装。

2）取出的 MOS 器件不能在塑料板上滑动，应用金属盘来盛放待用器件。

3）焊接用的电烙铁必须良好接地。

4）在焊接前应把电路板的电源线与地线短接，在 MOS 器件焊接完成后分开。

5）MOS 器件各引脚的焊接顺序是漏极、源极、栅极。拆机时顺序相反。

6）电路板在装机之前，要用接地的线夹子去碰一下机器的各接线端子，再把电路板接上去。

7）MOS 场效应管的栅极在允许条件下，最好接入保护二极管。在检修电路时应注意查证原有的保护二极管是否损坏。

2. VMOS 场效应管

（1）VMOS 场效应管概述。VMOS 场效应管（VMOSFET）简称 VMOS 管或功率场效应管，其全称为 V 型槽 MOS 场效应管。它是继 MOSFET 之后新发展起来的高效、功率开关器件。它不仅继承了 MOS 场效应管输入阻抗高（$\geqslant10^8\,\Omega$）、驱动电流小（$0.1\,\mu A$ 左右）的优点，还具有耐压高（最高可耐压 $1\,200\,V$）、工作电流大（$1.5\sim100\,A$）、输出功率高（$1\sim250\,W$）、跨导的线性好、开关速度快等优良特性。正是由于它将电子管与功率三极管的优点集于一身，因此在电压放大器（电压放大倍数可达数千倍）、功率放大器、开关电源和逆变器中获得广泛应用。

众所周知，传统的 MOS 场效应管的栅极、源极和漏极大致处于同一水平面的芯片上，其工作电流基本上是沿水平方向流动。VMOS 场效应管则不同，其有两大结构特点：第一，金属栅极采用 V 型槽结构；第二，具有垂直导电性。由于漏极是从芯片的背面引出，因此 I_D 不是沿芯片水平流动，而是自重掺杂 N＋区（源极 S）出发，经过 P 沟道流入轻掺杂 N－漂移区，最后垂直向下到达漏极 D。电流方向如图 4-40 中箭头所示，因为流通截面积增大，所以能通过大电流。由于在栅极与芯片之间有二氧化硅绝缘层，因此它仍属于绝缘栅型 MOS 场效应管。

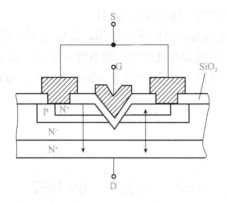

图 4-40　VMOS 场效应管结构图

（2）VMOS 场效应管的检测方法。

1）判定栅极 G。将万用表拨至 $R×1$ k 挡分别测量三个引脚之间的电阻。若发现某脚与其他两脚的电阻均呈无穷大，并且交换表笔后仍为无穷大，则证明此脚为 G 极，因为它和另外两个引脚是绝缘的。

2）判定源极 S、漏极 D。在源-漏之间有一个 PN 结，因此根据 PN 结正、反向电阻存在差异，可识别 S 极与 D 极。用交换表笔法测两次电阻，其中电阻值较低（一般为几千欧至十几千欧）的一次为正向电阻，此时黑表笔接的是 S 极，红表笔接的是 D 极。

3）测量漏-源通态电阻 $R_{DS}(on)$。将 G-S 极短路，选择万用表的 $R×1$ 挡，黑表笔接 S 极，红表笔接 D 极，阻值应为几欧至十几欧。由于测试条件不同，测出的 $R_{DS}(on)$ 值比手册中给出的典型值要高一些。例如，用 500 型万用表 $R×1$ 挡实测一只 IRFPC50 型 VMOS 场效应管，$R_{DS}(on)＝3.2\ Ω$，大于 $0.58\ Ω$（典型值）。

4）检查跨导。将万用表置于 $R×1$ k（或 $R×100$）挡，红表笔接 S 极，黑表笔接 D 极，手持螺钉旋具去碰触栅极，表针应有明显偏转，偏转越大，跨导越高。

（3）注意事项。

1）VMOS 管亦分为 N 沟道管与 P 沟道管，但绝大多数产品属于 N 沟道管。对于 P 沟道管，测量时应交换表笔的位置。

2）有少数 VMOS 管在 G-S 之间并联有保护二极管，本检测方法中的 1）、2）项不再适用。

3）目前市场上还有一种 VMOS 管功率模块，专供交流电机调速器、逆变器使用。例如美国 IR 公司生产的 IRFT001 型模块，内部有 N 沟道、P 沟道管各三只，构成三相桥式结构。

4）现在市场销售 VNF 系列（N 沟道）产品，是美国 Supertex 公司生产的超高频功率场效应管，其最高工作频率 $f_p＝120\ MHz$，$I_{D6M}＝1\ A$，$P_{DM}－30\ W$，共源小信号低频跨导 $g_M＝2\ 000\ μS$。适用于高速开关电路和广播、通信设备中。

5）使用 VMOS 管时必须加合适的散热器。以 VNF306 为例，该管子加装 140 mm×

140 mm×4 mm 的散热器后，最大功率才能达到 30 W。

3. 场效应管与三极管的比较

(1)场效应管是电压控制元件，而三极管是电流控制元件。在只允许从信号源获取较少电流的情况下，应选用场效应管；而在信号电压较低，又允许从信号源取较多电流的条件下，应选用三极管。

(2)场效应管是利用多数载流子导电，所以称为单极型器件，而三极管是既由多数载流子导电，也利用少数载流子导电，称为双极型器件。

(3)有些场效应管的源极和漏极可以互换使用，栅压也可正可负，灵活性比三极管好。

(4)场效应管在很小的电流和很低的电压的条件下工作，而且它的制造工艺可以很方便地把很多场效应管集成在一块硅片上，因此场效应管在大规模集成电路中得到了广泛应用。

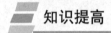 知识提高

三极管开关电路应用案例设计

应用三极管饱和状态和截止状态的基极电压与集电极电流之间的特殊关系，可以把三极管作为无触点开关使用。三极管与一般的机械接点式开关在动作上的区别是没有真正意义上的执行开关动作的触点。三极管作为无触点开关时，也可以完成机械开关的控制特性。如图 4-41 所示，即三极管电子开关的基本电路图。

负载电阻 R_{LD} 被直接跨接于三极管的集电极（c 极）与电源之间，而位居三极管主电流的回路上，输入电压 V_{in} 则控制三极管开关的开启（Open）与闭合（Close）动作，当三极管呈开启状态时，负载电流便被阻断。反之，当三极管呈闭合状态时，电流便可以流通。详细地说，当 V_{in} 为低电压时，由于基极没有电流，因此集电极无电流，致使连接于集电极端的负载也没有电流，而相当于开关的断开，此时三极管工作于截止（Cut Off）区。同理，当

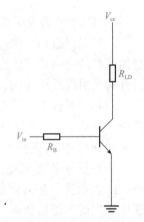

图 4-41　基本的三极管开关

V_{in} 为高电压时，由于有基极电流流动，因此集电极流过更大的放大电流，因此负载回路便被导通，而相当于开关的闭合，此时三极管工作于饱和区（Saturation）。

一、三极管开关电路的分析设计

试解释在图 4-42 所示的灯泡开关电路中，欲使开关闭合（三极管饱和）所需的输入电压为何值，并解释此时的负载电流与基极电流值。

解：在饱和状态下，所有的供电电压完全跨降于负载电阻上，因此

$$I_{C饱和}=\frac{V_{cc}}{R_{LD}}=\frac{24}{16}=1.5(A)$$

$$I_{B饱和}=\frac{V_{cc}}{\beta R_{LD}}=\frac{24\text{ V}}{150\times16}=0.01(A)=10\text{ mA}$$

$$V_{in}=I_{B饱和}R_B+0.6\text{ V}=10/1\ 000\times1\ 000\%+0.6=10.6(V)$$

利用三极管开关控制大到 1.5 A 的负载电流之启闭动作，只需要利用甚小的控制电压和电流即可。由于在饱和导通状态下，三极管的饱和导通压降很小（U_{ce} 为 0.2～0.3 V，甚至更小），虽然流过大电流，但在三极管上产生的热量很小，不需要装散热片。

二、基本三极管开关的改进电路

实际使用中，设定的低电压未必就能使三极管开关截止，尤其当输入准位接近 0.6 V 时。要保证三极管可靠工作在开关状态，就必须采取措施，以保证三极管必能可靠截止。图 4-43 是针对性设计的两种常见的改良电路。

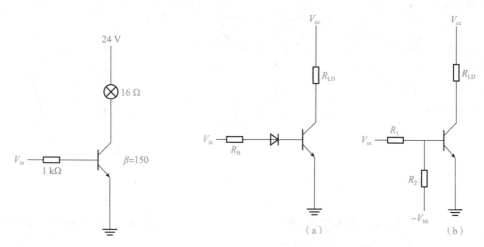

图 4-42　用三极管作为灯泡开关

图 4-43　两种改良电路
(a)在基射极间串接二极管；(b)添加辅助-截止电阻 R_2

在基射极间串接上一只二极管，因此使基极电流导通的输入电压值提升了 0.6 V，如此即使 V_{in} 值由于信号源的误动作而接近 0.6 V，也不致使三极管导通，因此开关仍可处于截止状态[图 4-43(a)]。电路加上了一只辅助-截止电阻 R_2，适当的 R_1，R_2 及 V_{in} 值设计，可于临界输入电压时确保开关截止[图 4-43(b)]。

在要求快速切换动作的应用中，必须加快三极管开关的切换速度。图 4-44 为一种常见的方式，在 R_B 电阻上并联一只加速电容器，如此当 V_{in} 由零电压往上升并开始送电流至基极时，电容器由于无法瞬间充电，故形同短路，然而此时却有瞬间的大电流由电容器流向基极，因此也就加快了开关导通的速度。稍后，待充电完毕后，电容就形同开路，而不影响三极管的正常工作。

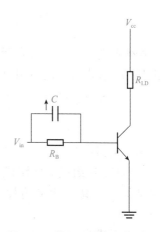

图 4-44　带加速电容器的电路

适当地选取加速电容值可使三极管开关的切换时间降低至几十分之微秒以下，大多数的加速电容值为数百个皮法拉(pF)。

三、三极管开关的应用

三极管开关最常见的应用之一是驱动指示灯，利用指示灯可以指示电路某特定点的动作状况，可以指示继电器(或电动机等)的控制器是受控的。

图 4-45(a)和(b)所示分别是三极管控制指示灯的基本电路和改良电路。电路改良后，可以提高驱动电流。有时信号源(如正反器)输出电路的电流容量太小，不足以驱动三极管开关，为避免信号源不能承载负荷而产生误动作，便须采用图 4-45(b)所示的改良电路。

图 4-46 所示为三极管驱动继电器的控制电路。图中的 1N4007 起保护三极管的作用，称为续流二极管。

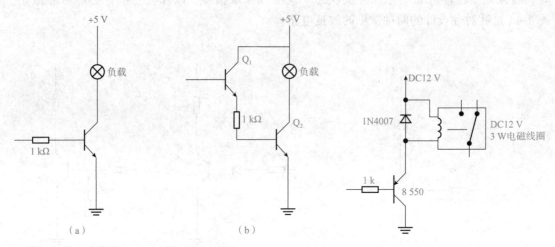

图 4-45　指示灯驱动器
(a)基本电路图；(b)改良电路

图 4-46　三极管驱动继电器的控制电路

开关应用案例设计

场效应管(MOS 场效应管)和三极管一样，都可以作为开关使用，本案例是场效应管和三极管在开关电源中的应用电路。下面按功能分部分介绍电路原理。

一、输入电路的原理及常见电路

1. AC 输入整流滤波电路原理

防雷电路：当有雷击产生高压经电网导入电源时，由 MOV_1、MOV_2、MOV_3、F_1、F_2、F_3、FDG_1 组成的电路进行保护。当加在压敏电阻两端的电压超过其工作电压时，其阻值降低，使高压能量消耗在压敏电阻上，若电流过大，F_1、F_2、F_3 会烧毁保护后级电路。

电磁干扰滤波器：C_1、L_1、C_2、C_3 组成的双 π 形滤波网络主要是对输入电源的电磁噪声及杂波信号进行抑制，防止对电源干扰，同时也防止电源本身产生的高频杂波对电网干扰。电源开启瞬间，要对 C_5 充电，由于瞬间电流大，加 R_{T1}(热敏电阻)就能有效地防止浪涌电流。因瞬时能量全消耗在 R_{T1} 电阻上，一定时间后温度升高，R_{T1} 阻值减小(R_{T1} 是负温系数元件)，这时它消耗的能量非常小，后级电路可正常工作。

整流、滤波电路：交流电压经 BRG_1 整流后，经 C_5 滤波后得到较为纯净的直流电压。若 C_5 容量变小，输出的交流纹波将增大(图 4-47)。

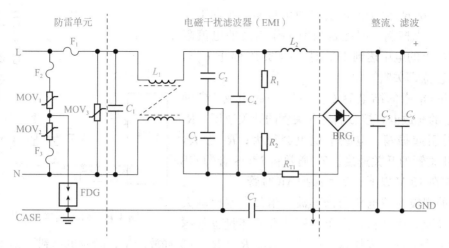

图 4-47　输入整流滤波电路

2. DC 输入滤波电路原理

输入滤波电路：C_1、L_1、C_2 组成的双 π 形滤波网络，主要是对输入电源的电磁噪声及杂波信号进行抑制，防止对电源干扰，同时也防止电源本身产生的高频杂波对电网干扰。C_3、C_4 为安规电容，L_2、L_3 为差模电感（图 4-48）。

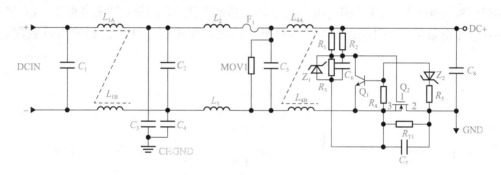

图 4-48　输入滤波电路原理

R_1、R_2、R_3、Z_1、C_6、Q_1、Z_2、R_4、R_5、Q_2、R_{T1}、C_7 组成抗浪涌电路。在起机的瞬间，由于 C_6 的存在 Q_2 不导通，电流经 R_{T1} 构成回路。当 C_6 上的电压充至 Z_1 的稳压值时，Q_2 导通。如果 C_8 漏电或后级电路短路，在起机的瞬间电流在 R_{T1} 上产生的压降增大，Q_1 导通使 Q_2 没有栅极电压从而不导通，R_{T1} 将会在很短的时间烧毁，以保护后级电路。

二、功率变换电路

目前应用最广泛的绝缘栅场效应管是 MOSFET（MOS 管），是利用半导体表面的电声效应进行工作的，也称为表面场效应器件。由于它的栅极处于不导电状态，因此输入电阻可以大大提高，最高可达 10^{15} Ω，MOS 管是利用栅源电压的大小，来改变半导体表面感生电荷的多少，从而控制漏极电流的大小。

常见的原理图如图 4-49 所示。R_4、C_3、R_5、R_6、C_4、D_1、D_2 组成缓冲器，和开关MOS 管并接，使开关管电压应力减小、EMI 减少，不发生二次击穿。在开关管 Q_1 关断时，变压器的原边线圈易产生尖峰电压和尖峰电流，这些元件组合一起，能很好地吸收尖峰电压和电流。从 R_3 测得的电流峰值信号参与当前工作周波的占空比控制，因此是当前工作周波的电流限制。当 R_5 上的电压达到 1 V 时，UC3842 停止工作，开关管 Q_1 立即关断。

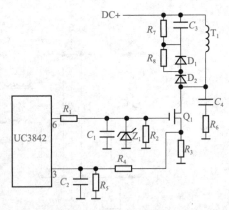

R_1 和 Q_1 中的结电容 C_{GS}、C_{GD} 一起组成 RC 网络，电容的充放电直接影响着开关管的开关速度。R_1 过小，易引起振荡，电磁干扰也会很大；R_1 过大，会降低开关管的开关速度。Z_1 通常将 MOS 管的 GS 电压限制在 18 V 以下，从而保护 MOS 管。

Q_1 的栅极受控电压为锯形波，当其占空比越大时，Q_1 导通时间越长，变压器所储存的能量也就越

图 4-49 MOS 管常见的原理图

多；当 Q_1 截止时，变压器通过 D_1、D_2、R_5、R_4、C_3 释放能量，同时也达到了磁场复位的目的，为变压器的下一次存储、传递能量做好了准备。IC 根据输出电压和电流时刻调整着脚 6 锯形波占空比的大小，从而稳定了整机的输出电流和电压。C_4 和 R_6 构成尖峰电压吸收回路。

三、输出端限流保护

图 4-50 所示是常见的输出端限流保护电路，其工作原理简述：当输出电流过大时，R_S（锰铜丝）两端电压上升，U_1 脚 3 电压高于脚 2 基准电压，U_1 脚 1 输出高电压，Q_1 导通，光耦发生光电效应，UC3842 脚 1 电压降低，输出电压降低，从而达到输出过载限流的目的。

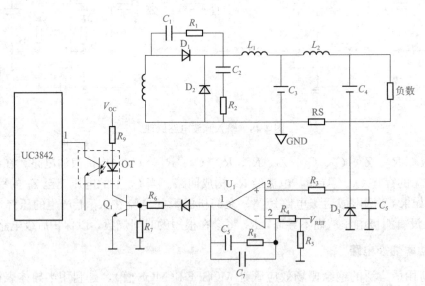

图 4-50 常见的输出端限流保护电路

四、输出过压保护电路的原理

1. 光电耦合保护电路

如图 4-51 所示，当 U_o 有过压现象时，稳压管击穿导通，经光耦（OT_2）—R_6—地面产生电流流过，光电耦合器（简称电耦）的发光二极管发光，从而使光电耦合器的光敏三极管

导通。Q_1 基极得电导通，UC3842 的脚 3 电降低，使 I_C 关闭，停止整个电源的工作，U_o 为零，周而复始。

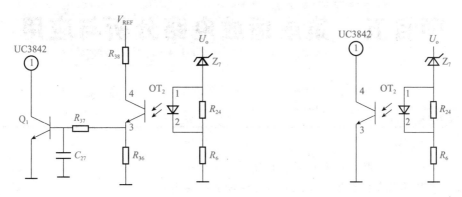

图 4-51　光电耦合保护电路

2. 输出限压保护电路

输出限压保护电路如图 4-52 所示。当输出电压升高，稳压管、光耦导通，Q_1 基极有驱动电压而导通，UC3842③电压升高，输出降低，稳压管不导通，UC3842③电压降低，输出电压升高。周而复始，输出电压将稳定在一范围内（取决于稳压管的稳压值）。

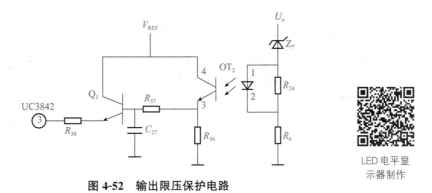

图 4-52　输出限压保护电路

LED 电平显
示器制作

项目五　集成运放电路分析与应用

>> 学习目标

1. 知识目标

(1)了解集成电路产业发展现状和我国行业现状；

(2)掌握理想集成运放电路的分析方法和实际使用；

(3)掌握理想集成运放的电路分析及计算；

(4)掌握集成运放的应用电路的测试与理想计算结果的对照分析测试；

(5)掌握常用集成运放电路的线性典型应用(集成运放资料及典型电路分析)；

(6)掌握常用集成运放电路的非线性典型应用(比较器资料及典型电路分析)；

(7)熟悉热释电红外传感器放大电路设计；

(8)熟悉火焰感传感器放大电路设计。

2. 能力目标

(1)锻炼资料查阅和分析能力；

(2)培养专业技术知识自学能力；

(3)能够根据集成运放资料选取合适的典型应用电路，并完成电路设计；

(4)能够独立完成集成运放信号放大电路的分析和测试；

(5)能够完成集成运放的非线性应用(比较器等)的电路设计与分析能力。

3. 素养目标

(1)培养团队合作意识，提高团队配合能力；

(2)培养严谨的工作态度；

(3)提升集成运放参数选型及替代能力；

(4)会计算集成运放电路的参数，并能完成运算电路的理论分析；

(5)提高典型运算放大电路测试及分析能力；

(6)能独立完成电路故障诊断和排除。

项目导学

　　集成电路俗称"芯片"，被广泛运用于计算机、手机、水利、电力等公共设施和军事设备中，是信息技术产业的核心，更是支撑经济社会发展和保障国家安全的先导性产业。

　　国内集成电路材料企业、科研单位和产业上下游经过多年不懈努力，为我国集成电路材料产业发展打下了坚实的产业基础，积累了丰富的技术经验，建立了雄厚的人才储备机制，集成电路材料的部分细分领域已经取得突破性进展。但是，就我国集成电路材料产业整体而言，还存在着技术水平偏低、布局分散、缺乏市场竞争力、国产化率不高等问题。这些都是建设我国自主可控、安全可靠集成电路材料产业体系中需要解决的关键问题。未来需要加强顶层设计、深化产学研用协同创新、继续坚持国际开放合作、努力打通全产业链，才能在短时期内突破核心技术、提升创新能级。希望更多国产材料公司，通过自身努力与开放合作，尽快成为全球产业合作体系的重要组成部分。

我国信息技术产业规模多年位居世界第一，但由于以集成电路和软件为核心的价值链的重要环节自主性不强，行业平均利润率较低。只有做强、做大中国集成电路产业，才能从根本上保证信息产业的长期繁荣和发展，也才能从根本上保证中国的信息安全和国家安全。

人才作为集成电路产业发展的第一资源，对于产业的发展起着至关重要的作用。根据《国家集成电路产业发展推进纲要》，2030 年产业规模将扩大 5 倍以上，对人才需求将成倍增长。目前我国集成电路从业人员总数不足 30 万人，但是按总产值计算，需要 70 万人，人才培养总量严重不足。

我国作为集成电路的制造和消费大国，在全球集成电路中始终占据一席之地。集成电路产业涉及特色半导体、特种计算机等环节的自主可控，是衡量国家综合实力的一个重要标志、信息产业的核心、实现信息安全的基石；再结合美国对我国发动"贸易战"和芯片制裁的时事，我们应该以祖国强盛为己任，为自主知识产权而发奋学习，研制出自己的集成芯片，为祖国的明天而努力、奋斗。

本项目主要包括知识储备、知识实践、知识拓展、知识提高四个部分，具体框架如下：

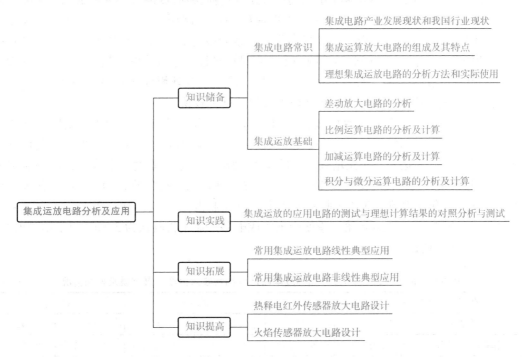

单元一　集成电路常识

一、集成电路产业发展现状和我国行业现状

集成电路(Integrated Circuit, IC)是具有一定电路功能的微型机构单元, 也称"芯片"。IC在电子信息、日常生活、航空航天、军事等领域有广泛的应用。IC产业是现代信息社会发展的基础, 包括云计算、物联网、大数据、工业互联网、新一代通信网络设备(5G)等, 对于当前经济社会发展、国防安全、国际竞争及社会民生具有重要战略意义。

IC被广泛运用于5G、大数据等业务板块, 随着人工智能领域应用和新技术的不断涌现, 促进全球IC产业飞速发展。全球IC行业发展状况指出, 随着工业设备、通信网络、消费电子等终端应用市场的不断发展, 全球IC市场的需求量稳步提升。根据IC行业概况及现状数据显示, 全球IC市场规模呈周期性增长趋势, 市场规模从2015年的3 351.68亿美元增长至2023年的4 694亿美元, 预计到2025年有望增长至7 250亿美元左右。

从全球IC市场规模来看, 我国的电子信息产品制造和消费量最大, 市场规模已经达到上万亿元, 并且仍然呈上升趋势。新业务板块如5G、新型电子元器件、云计算、大数据等, 各具特色、百花齐放。华为技术有限公司、紫光股份有限公司与阿里巴巴集团是我国IC产业的领路人, 我国IC产业显著的一个特点是区域性、集群化发展趋势凸显。依托大城市人才、市场以及资金的优势, 形成了珠三角、长三角及环渤海区域IC产业聚集区。另外, 成都、西安、武汉、重庆等中西部城市发展速度也较快。

中国半导体行业协会公布数据(表5-1)显示, 2020年上半年度中国集成电路产业销售收入为3 539亿元, 同比增长16.1%, 增速比第一季度略有增长。其中, 集成电路设计业销售收入为1 490.6亿元, 同比增长23.6%, 增速略低于第一季度; 集成电路晶圆制造业销售收入为966.0亿元, 同比增长17.8%; 集成电路封测业销售收入为1 082.4亿元, 同比增长5.9%。集成电路三业销售收入占比为: 设计业占42.1%, 制造业占27.3%, 封测业占30.6%(图5-1)。2020年第二季度中国集成电路产业销售收入为2 066.3亿元, 同比增长16.5%, 环比增长40.3%。

表5-1　2018—2020年Q2中国集成电路产业销售收入分季发展规模及增长情况

年度	2018年		2019年		2020年	
季度	Q1	Q2	Q1	Q2	Q1	Q2
销售收入/亿元	1 152.9	1 573.6	1 274.0	1 774.2	1 472.7	2 066.3
同比/%	20.8	26.2	10.5	12.7	15.6	16.5
环比/%	−34.7	36.5	−38.5	39.3	−41.4	40.3

2020 年上半年度中国集成电路进口量为 2 422.7 亿块，同比增长 25.5%；进口额为 1 546.1 亿美元，同比增长 12.2%。集成电路出口量为 1 125.6 亿块，同比增长 13.8%；出口额为 505.1 亿美元，同比增长 10.5%。2021 年数据显示我国集成电路设计占比达 43.21%，制造领域占比小幅度上升至 30.37%，在 2020 年也已超越封测销售额。2022 年，我国规模以上电子信息制造业增加值同比增长 7.6%，分别超出工

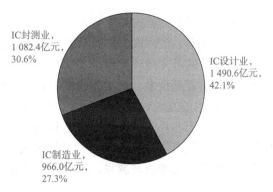

图 5-1 集成电路三业销售收入及占比

业、高技术制造业 4 个和 0.2 个百分点。12 月，规模以上电子信息制造业增加值同比增长 1.1%，较 11 月上升 2.2 个百分点。主要产品中，手机产量 15.6 亿台，同比下降 6.2%，其中智能手机产量 11.7 亿台，同比下降 8%；微型计算机设备产量 4.34 亿台，同比下降 8.3%；集成电路产量 3 242 亿块，同比下降 11.6%。

随着电子工业的飞速发展，集成运算放大电路（或称集成运算放大器，简称集成运放）经历了四代更新，其性能越来越趋于理想化。从电路结构上，除有三极管电路外，还有 CMOS 电路、BiCMOS 电路等。而且制造出某方面性能特别优秀的专用集成运放，以适应多方面的需求。下面按性能不同简单介绍几种专用集成运放及其适用场合。集成运放的发展方向如下。

1. 高精度型

高精度型集成运放具有低失调、低温漂、低噪声和高增益等特点。其开环差模增益和共模抑制比均大于 100 dB，失调电压和失调电流比通用性小两个数量级，因而也称之为低漂移集成运放。其适用于对微弱信号的精密检测和运算，常用于高精度仪器设备中。

2. 高阻型

具有高输入电阻的运放称为高阻型集成运放，其输入级均采用场效应管或超 β 管（其 β 可达千倍以上），输入电阻可达 1 012 Ω 以上。其适用于测量放大电路、采样-保持电路等。

3. 高速型

高速型集成运放具有转换速率高、单位增益带宽高的特点。产品种类很多，转换速率从几十伏/微秒到几千伏/微秒，单位增益带宽多在 10 MHz 以上。其适用于 A/D 和 D/A 转换器、锁相环和视频放大器等电路。

4. 低功耗型

低功耗型集成运放具有静态功耗低、工作电源电压低等特点，其他方面的性能与通用型运放的性能相当。它们的电源电压为几伏，功耗只有几毫瓦，甚至更小。其适用于能源有限的情况，如空间技术、军事科学和工业中的遥感遥测等领域。

5. 高电压型

高电压型集成运放具有输出电压高或输出功率大的特点，通常需要高电源电压供电。

除通用型和上述特殊型集成运放外，还有为完成特定功能的集成运放，如仪表用放大器、隔离放大器、缓冲放大器、对数/指数放大器等；具有可控性的集成运放，如利用外加电压控制增益的可变开环差模增益集成运放、通过选通端选择被放大信号通道的多通道集成运放等。随着新技术、新工艺的发展，还会有更多产品出现。

EDA 技术的发展对电子电路的分析、设计和实现产生了革命性的影响，人们越来越多地自己设计专用芯片。可编程模拟器件的产生，使人们可以在一个芯片上通过编程的方法来实现对多路模拟信号的各种处理，如放大、滤波、电压比较等。可以预测，这类器件还会进一步发展，功能越来越强，性能越来越好。

二、集成运算放大电路的组成及其特点

LM324 系列集成运算放大器是带差动输入功能的四运算放大器。LM324 的特点：短路保护输出；差动输入级；可单电源工作：3～32 V；低偏置电流：最大 100 nA(LM324A)；每封装含四个运算放大器；具有内部补偿的功能；共模范围扩展到负电源；行业标准的引脚排列；输入端具有静电保护功能。其内部结构如图 5-2 所示。

集成运放的认知

1. 集成运算放大器组成

由 LM324 集成运算放大器可知，集成运放具有体积小、质量小、价格低、使用可靠、灵活方便、通用性强等优点，是模拟集成电子电路中最重要的器件之一。近几年得到了迅速的发展，它的种类型号众多，但基本结构归纳起来通常由四部分组成，分别是输入级（也称电压放大级）、中间级、输出级和偏置电路，其组成方框图如图 5-3 所示。

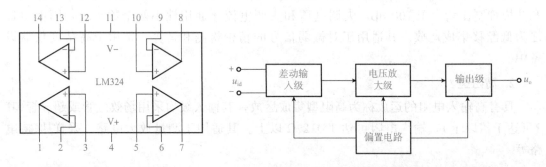

图 5-2　LM324 内部结构　　　　图 5-3　集成运算放大器内部组成原理框图

（1）输入级。输入级是提高运算放大器质量的关键部分，要求其输入电阻高，为了能减小零点漂移和抑制共模干扰信号，输入级都采用具有恒流源的差动放大电路，也称差动输入级。

（2）中间级。中间级的主要作用是提供足够大的电压放大倍数，也称电压放大级。要求中间级具有较高的电压增益。

（3）输出级。输出级的主要作用是输出足够的电流以满足负载的需要，同时还需要有较低的输出电阻和较高的输入电阻，以起到将放大级和负载隔离的作用。除此之外，电路中还设有过载保护电路，用以防止输出端短路或负载电流过大时烧坏管。

（4）偏置电路。偏置电路的作用是为各级提供合适的工作电流，确定各级静态工作点。一般由各种恒流源电路组成。

2. 集成运算放大器的图形符号和引脚功能

集成运放的外形有双列直插式、扁平式和圆壳式三种，如图 5-4 所示。

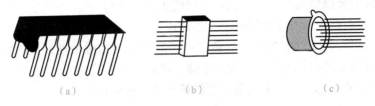

（a） （b） （c）

图 5-4 常见集成运算放大器的外形

（a）双列直插式；（b）扁平式；（c）圆壳式

集成运放第一级都是采用差动放大电路，因此，集成运放有两个输入端。分别由两个输入端加入信号，在电路的输出端得到的信号相位是不同的，一个为反相关系，另一个为同相关系，所以把这两个输入端分别称为同相输入端（用＋表示）和反相输入端（用－表示），其符号如图 5-5 所示。

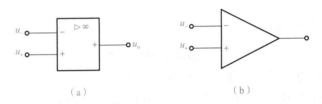

（a） （b）

图 5-5 集成运放符号

（a）国际标准符号；（b）习惯通用符号

3. 集成运算放大电器的主要参数

集成运算放大器的性能可用一些参数来表示，为了合理地选用和正确地使用运放，必须了解各主要参数的意义。

（1）开环差模电压放大倍数 A_{od}。A_{od} 指集成运放在无外加反馈的情况下的差模电压放大倍数，即

$$A_{od} = \frac{u_o}{u_{id}}$$

对于集成运放而言，希望 A_{od} 大且稳定。目前高增益的集成运放器件，其 A_{od} 可高达 140 dB（10^7 倍）。

（2）最大输出电压 U_{OPP}。U_{OPP} 是指在额定的电源电压下，集成运放的最大不失真输出电压的峰-峰值。

（3）差模输入电阻 r_{id}。r_{id} 的大小反映了集成运放的输入端向信号源索取电流的大小。一般要求 r_{id} 越大越好，普通型集成运放的 r_{id} 为几百千欧至几兆欧。

（4）输出电阻 r_{od}。r_{od} 的大小反映了集成运放在输出信号时带负载能力。r_o 越小越好，理想集成运放 r_o 为零。

（5）共模抑制比 K_{CMRR}。共模抑制比反映了集成运放对共模输入信号的抑制能力，K_{CMRR} 越大越好，理想集成运放 K_{CMRR} 为无穷大。

4. 集成运放电路的特点

（1）在集成电路中，制造有源器件（晶体三极管、场效应管等）比制造大电阻占用的面积

小，且工艺上不会增加麻烦，因此，集成电路中大量使用有源器件组成的有源负载，以获得大电阻，提高放大电路的放大倍数；将其组成电流源，以获得稳定的偏置电流。因此，一般集成运放的放大倍数与分立元件的放大倍数相比大得多。

（2）由于集成电路中所有元件同处于一块硅片上，相互距离非常近，且在同一工艺条件下制造，因此，尽管各元件参数的绝对精度差，但它们的相对精度好，故对称性能好，特别适宜制作对称性要求高的电路，如差动电路、镜像电流源等。

（3）集成运算放大电路中，采用复合管的接法以改进单管性能。

三、理想集成运放电路的分析方法和实际使用

运算放大器组成的电路种类很多，是模拟电路中学习的重点，也是难点。在分析它的工作原理时，若没有抓住核心，分析起来往往难度很大。

下面举例介绍运放电路的应用，通过正确的学习方法来掌握运放的电路知识。

理想运放的
虚短与虚断

（一）虚短和虚断的概念及其应用

由于运放的电压放大倍数很大，一般通用型运算放大器的开环电压放大倍数都在 80 dB以上。而运放的输出电压是有限的，一般在 10～14 V。因此运放的差模输入端电压不足1 mV，两输入端近似等电位，相当于"短路"。开环电压放大倍数越大，两输入端的电位越接近相等。

在运算放大器处于线性状态时，可把两输入端视为等电位，这一特性称为虚假短路，简称虚短。显然不能将两输入端当成真正的短路。

由于运放的差模输入电阻很大，一般通用型运算放大器的输入电阻都在 1 MΩ 以上。因此流入运放输入端的电流往往不足 1 μA，远小于输入端外电路的电流。故通常可把运放的两输入端视为开路，且输入电阻越大，两输入端越接近开路。在运放处于线性状态时，可以把两输入端视为等效开路，这一特性称为虚假开路，简称虚断。显然不能将两输入端当成真正的断路。

1. 反向放大器

图 5-6 中运放的同向端接地（0 V），反向端和同向端虚短，所以也是 0 V，反向输入端输入电阻很高，虚断，几乎没有电流注入和流出，那么 R_1 和 R_2 相当于是串联的，流过一个串联电路中的每一只组件的电流是相同的，即流过 R_1 的电流和流过 R_2 的电流是相同的。

流过 R_1 的电流 $I_1 = (V_i - V_-)/R_1$。

流过 R_2 的电流 $I_2 = (V_- - V_o)/R_2$。

已知：$V_- = V_+ = 0$；$I_1 = I_2$。

求解上面的代数方程得 $V_o = (-R_2/R_1) \times V_1$，这就是反向放大器的输入/输出关系式。

2. 同向放大器

图 5-7 中 V_i 与 V_- 虚短，则 $V_i = V_-$。

因为虚断，反向输入端没有电流输入输出，通过 R_1 和 R_2 的电流相等，设此电流为 I，由欧姆定律得：$I = V_o/(R_1 + R_2)$。

V_i 等于 R_2 上的分压，即 $V_i = IR_2$。

求解代数方式得 $V_o = V_i(R_1 + R_2)/R_2$，这就是同向放大器的输入/输出关系式。

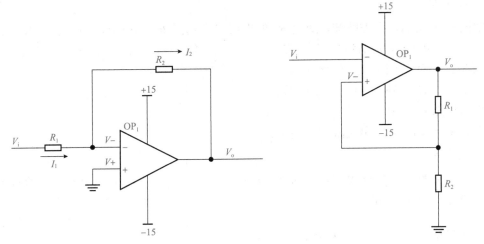

图 5-6　反向放大器　　　　　　　图 5-7　同向放大器

3. 加法器 1

图 5-8 中，由虚短知 $V_+ = V_- = 0$。

由虚断及基尔霍夫定律知，通过 R_1 和 R_2 的电流之和等于通过 R_3 的电流，即
$$(V_1 - V_-)/R_1 + (V_2 - V_-)/R_2 = (V_- - V_o)/R_3$$

求解代数方程得 $V_1/R_1 + V_2/R_2 = V_o/R_3$，如果取 $R_1 = R_2 = R_3$，则上式变为
$$-V_o = V_1 + V_2$$

这就是加法器的输入/输出关系式。

4. 加法器 2

如图 5-9 所示，因为虚断，运放同向端没有电流流过，则流过 R_1 和 R_2 的电流相等，同理流过 R_4 和 R_3 的电流也相等。

故 $(V_1 - V_+)/R_1 = (V_+ - V_2)/R_2$；$(V_o - V_-)/R_3 = V_-/R_4$。

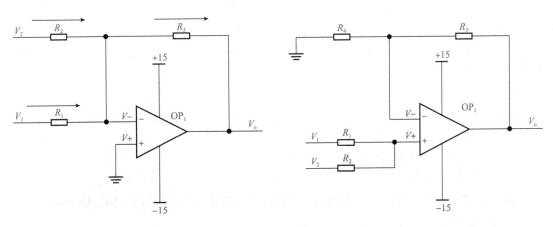

图 5-8　加法器 1　　　　　　　图 5-9　加法器 2

由虚短知 $V_+ = V_-$。

如果 $R_1=R_2$，$R_3=R_4$，则由以上式可以推导出 $V_+=(V_1+V_2)/2$，故 $V_o=V_1+V_2$，也是一个加法器。

5. 减法器

如图 5-10 所示，由虚断知，通过 R_1 的电流等于通过 R_2 的电流，同理通过 R_4 的电流等于通过 R_3 的电流，故有 $(V_2-V_+)/R_1=V_+/R_2$；$(V_1-V_-)/R_4=(V_--V_o)/R_3$。

如果 $R_1=R_2$，则 $V_+=V_2/2$。

如果 $R_3=R_4$，则 $V_-=(V_o+V_1)/2$。

由虚短知 $V_+=V_-$。

所以 $V_o=V_2-V_1$，该运放为一个减法器。

6. 积分电路

图 5-11 电路中，由虚短知，反向输入端的电压与同向端相等，由虚断知，通过 R_1 的电流与通过 C_1 的电流相等。

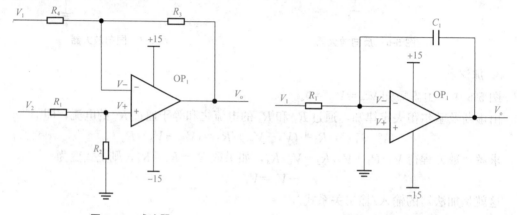

图 5-10　减法器　　　　　　　图 5-11　积分电路

通过 R_1 的电流 $i=V_1/R_1$。

通过 C_1 的电流 $i=C\mathrm{d}U_C/\mathrm{d}t=-C\mathrm{d}V_o/\mathrm{d}t$，$t$ 是时间。

所以 $V_o=(-1/(R_1C_1))\int V_1\mathrm{d}t$，输出电压与输入电压对时间的积分成正比，该电路为积分电路。

若 V_1 为恒定电压 U，则上式变换为 $V_o=-Ut/(R_1C_1)$，V_o 输出电压值是一条从 0 至负电源电压按时间变化的直线。

7. 微分电路

由虚断知，通过电容 C_1 和电阻 R_2 的电流是相等的。由虚短知，运放同向端与反向端电压是相等的。

则 $V_o=-iR=-(CR)\mathrm{d}V/\mathrm{d}t$。

这是一个微分电路。

如果 V_1 是一个突然加入的直流电压，则输出 V_o 对应一个方向与 V_1 相反的脉冲。

8. 差分放大电路

如图 5-12 所示，由虚短知：

$$V_x=V_1$$

$$V_y = V_2$$

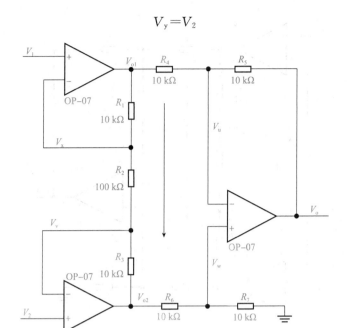

图 5-12　差分放大电路

由虚断知，运放输入端没有电流流过，则 R_1、R_2、R_3 可视为串联，通过每一个电阻的电流是相同的，电流 $I = (V_1 - V_y)/R_2$，则 $V_{o1} - V_{o2} = I \times (R_1 + R_2 + R_3) = (V_x - V_y)(R_1 + R_2 + R_3)/R_2$。

由虚断知，流过 R_6 与流过 R_7 的电流相等，若 $R_6 = R_7$，则 $V_w = V_{o2}/2$。

同理若 $R_4 = R_5$，则 $V_o - V_u = V_u - V_{o1}$，故 $V_u = (V_o + V_{o1})/2$。

由虚短知 $V_u = V_w$。

得 $V_o = V_{o2} - V_{o1}$；$V_o = (V_y - V_x)(R_1 + R_2 + R_3)/R_2$。

上式中，$(R_1 + R_2 + R_3)/R_2$ 是定值，此值确定了差值 $(V_y - V_x)$ 的放大倍数。

(二)电流检测

很多控制器接受来自各种检测仪表的 $0 \sim 20$ mA 或 $4 \sim 20$ mA 电流，电路将此电流转换成电压后再送模数转换器(ADC)转换成数字信号，图 5-13 就是这样一个典型电路。$4 \sim 20$ mA 电流流过采样 10 kΩ 电阻 R_1，在 R_1 上会产生 $0.4 \sim 2$ V 的电压差。由虚断知，运放输入端没有电流流过，则流过 R_3 和 R_5 的电流相等，流过 R_2 和 R_4 的电流相等。得

$$(V_2 - V_y)/R_3 = V_y/R_5$$

由虚短知 $V_x = V_y$，

电流在 $0 \sim 20$ mA 变化，则 $V_1 = V_2 + (0.4 \sim 2)$，

得 $(V_2 + (0.4 \sim 2) - V_y)/R_2 = (V_2 - V_{ou})R_4$。

如果 $R_3 = R_2$，$R_4 = R_5$，则 $V_o = -(0.4 \sim 2)\dfrac{R_4}{R_2}$；$\dfrac{R_4}{R_2} = 10 \times 1\,000/100 = 100$；$V_o = -(0.88 \sim 4.4)$。

即将 $4 \sim 20$ mA 电流转换成了 $-0.88 \sim 4.4$ V 电压，此电压可以送 ADC 去处理。

注：若将图 5-13 电流反接即得 $V_o = +0.88 \sim 4.4$ V。

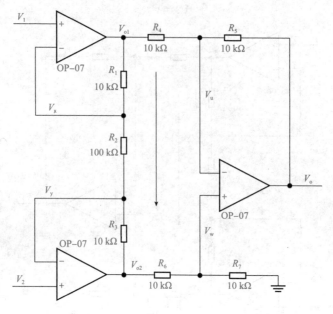

图 5-13　电流检测

在分析运放时，为了使问题分析简化，通常把实际运放看成一个理想元件。所谓理想运放，就是将集成运放的各项技术指标理想化，即：

(1)开环电压放大倍数 $A_{od}=\infty$；

(2)开环输入电阻 $R_{id}=\infty$；

(3)开环输出电阻 $R_{od}=0$；

(4)共模抑制比 $K_{CMRR}=\infty$；

(5)有无限宽的频带。

由于实际运放的参数非常接近理想运放的条件，所以把集成运放看成理想元件，电路分析、计算的结果是满足工程要求的。在各种应用电路中，集成运算放大器的工作范围可能有两种情况：工作在线性区或非线性区。集成运放电压传输特性如图 5-14 所示。下面分别介绍集成运放工作在这两个区域的特点。

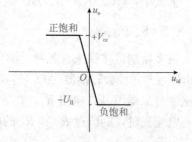

图 5-14　集成运放电压传输特性

1. 理想运放工作在线性区的分析

集成运放工作在线性区时，其输出电压与两个输出端的电压之间存在着线性放大关系，即

$$u_o=A_{od}u_{id}=A_{od}(u_+-u_-)$$

因为理想运放 $A_{od}=\infty$，而输出 u_o 是一个有限值，所以有 $u_+=u_-$，即理想运放的同相输入端与反相输入端的电位相等，即虚短。

由于理想运放 $r_{id}=\infty$，因此在其两个输入端均可以认为没有电流输入，即

$$i_+=i_-=0$$

此时，集成运放的同相输入端和反相输入端的输入电流都等于零，即虚断。

结论：理想运放工作在线性区的特点：

①$u_+=u_-$，存在"虚短"现象；

②$i_+=i_-=0$，存在"虚断"现象。

2. 理想运放工作在非线性区的分析

如果集成运放的输入信号超出一定范围，则输出电压不再随输入电压线性增长，而将达到饱和。

理想运放工作在非线性区输出电压 u_o 具有两值性：或等于运放的正向最大输出电压 $+U_{OPP}$，或等于运放的负向最大输出电压 $-U_{OPP}$。

(1)当 $u+>u_-$ 时：$u_o=+U_{OPP}$。

(2)当 $u+<u_-$ 时：$u_o=-U_{OPP}$。

在非线性区内，运放的差模输入电压可能很大，即 $u_+\neq u_-$，此时，电路的"虚短"现象将不复存在。

在非线性区内，虽然集成运放两个输入端的电位不等，但因为理想运放的输入电阻 $r_{id}=\infty$，故"虚断"现象仍存在。

结论：理想运放工作在非线性区的特点：

①输出电压 u_o 具有两值性，不存在"虚短"现象；

②$i_+=i_-=0$，存在"虚断"现象。

3. 集成运放的实际使用

通常，在使用集成运放前要粗测集成运放的好坏。可以用万用表的电阻中挡($\times 100\ \Omega$ 或 $\times 1\ k\Omega$，避免电压或电流过大)对照引脚图测试有无短路和断路现象，然后将其接入电路。

由于失调电压和失调电流的存在，集成运放输入为零时，输出往往不为零。对于内部没有自动稳零措施的运放，则需根据产品说明外加调零电路，使之输入为零时，输出为零。调零电路中的电位器应为精密电阻。

对于单电源供电的集成运放，应加偏置电路，设置合适的静态输出电压。通常，在集成运放两个输入端静态电位为二分之一电源电压时，输出电压等于二分之一电源电压，以便能放大正、负两个方向的变化信号，且使两个方向的最大输出电压基本相同。

若电路产生自激振荡，即在输入信号为零时输出有一定频率、一定幅值的交流信号，则应在集成运放的电源端加去耦电容。有的集成运放还需根据产品说明外加消振电容。如果还需要详细测试所关心的其他性能指标，可参阅有关文献。

集成运放在使用中常因输入信号过大、电源电压极性接反或过高、输出端直接接地或接电源等而损坏。这些原因中有的使 PN 结击穿，有的使输出级功耗过大。因此，为使运放安全工作，可从三个方面进行保护。

(1)输入保护。一般情况下，运放工作在开环(即未引反馈)状态时，易因差模输入电压过大而损坏；在闭环(即引入反馈)状态时，易因共模输入电压过大而损坏。

图 5-15(a)所示是防止差模电压过大的保护电路，由于二极管的作用，集成运放的最大差模输入电压幅值被限制在二极管的导通电压 $\pm U_D$。图 5-15(b)所示是防止共模电压过大的保护电路，通过 $\pm V$ 和二极管的作用，集成运放的最大共模输入电压被限制在 $\pm(V+U_D)$。

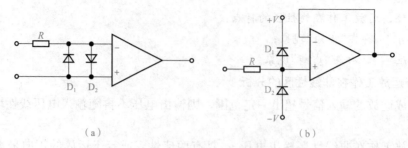

图 5-15　输入保护措施

(a)防止差模电压过大的保护电路；(b)防止共模电压过大的保护电路

（2）输出保护。当集成运放输出端对地或对电源短路时，如果没有保护措施，集成运放内部输出级的管将会因电流过大而损坏。图 5-16(a)所示为输出端保护电路，限流电阻 R 与稳压管 D_z 构成的限幅电路一方面将负载与集成运放输出端隔离开，限制了运放的输出电流；另一方面也限制了输出电压的幅值，稳压管为双向稳压管，故输出电压最大幅值等于稳压管的稳定电压 $\pm U_z$。当然，任何保护措施都是有限度的，若将图示电路的输出端直接接电源，则稳压管会损坏，使电路的输出电阻大大提高，影响了电路的性能。

（3）电源端保护。为了防止因电源极性接反而损坏集成运放，可利用二极管单向导电性，将其串联在电源端实现保护，如图 5-16 所示。

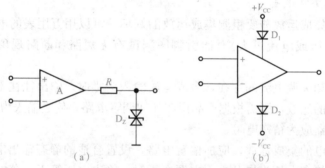

图 5-16　输出保护电路及电源端保护电路

(a)输出保护电路；(b)电源端保护

单元二　集成运放基础

集成运放电路
的理论分析

一、差动放大电路的分析

1. 基本差分放大电路

一个理想的直接耦合放大电路，当输入信号为零时，其输出电压应保持不变。实际上把直接耦合放大电路的输入端短接，在输出端也会偏离初始值，有一定数值的无规则缓慢变化的电压输出，这种现象称为零点漂移，简称零漂。

引起零点漂移的原因很多，如三极管参数随温度变化、电源电压的波动、电路元件参数变化等，其中以温度变化的影响最为严重，所以零点漂移也称温漂。集成运算放大器采用直接耦合，在多级直接耦合放大电路的各级漂移中，以第一级的漂移影响最为严重。由于直接耦合，第一级的漂移被逐级传输放大，级数越多，放大倍数越高，在输出端产生的零点漂移越严重。由于零点漂移电压和有用信号电压共存于放大电路中，在输入信号较小时，两种信号很难分辨；如果漂移量大到足以和有用信号相似，放大电路就无法正常工作。因此，减小第一级的零点漂移，是集成运算放大器的一个至关重要的问题。

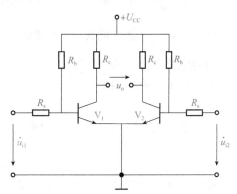

如图 5-17 所示是一种基本差分放大电路，V_1 和 V_2 是两个参数完全相同的三极管，电路的其他元件参数也完全相同，电路结构完全对称。输入信号由两管的基极输入，输出电压从两管的集电极输出，$u_o = u_{C1} - u_{C2}$。由于电路完全对称，所以两管静态工作点也完全一样。

图 5-17　基本差分放大电路

（1）静态分析。当输入信号为零，即 $u_{i1} = u_{i2} = 0$，由于电路完全对称，两个三极管 V_1 和 V_2 的集电极电流相等，集电极电位也相等，这时输出电压 $u_o = u_{C1} - u_{C2} = 0$，实现了零输入时零输出的要求。

（2）动态分析。当有信号输入时，输入的信号可分成共模信号、差模信号及不对称信号。

1）共模信号输入。如果加在 V_1 和 V_2 管的输入信号大小相等、极性相同，即 $u_{i1} = u_{i2} = u_{ic}$，则这种输入信号称为共模信号，如图 5-18(a)所示。

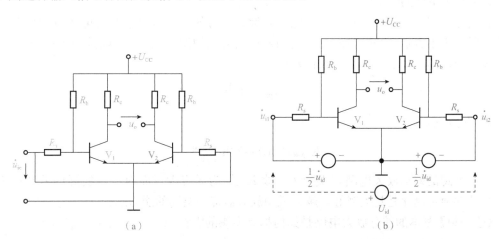

（a）　　　　　　　　　　　　　　　（b）

图 5-18　差动放大电路的输入方式

（a）共模输入；（b）差模输入

在共模信号的作用下，两管集电极的电位变化是同方向的，对于完全对称的差动放大电路，输出电压始终为零，故共模电压放大倍数（用 A_C 表示）为 0。前面讲到的温漂现象实际上就相当于在输入端加一个共模信号，所以在工程上常常用放大器对共模信号的抑制能力来表示放大器对温漂的抑制能力。

2）差模信号输入。如果将输入信号 u_{id} 加在差动放大电路的两个输入端，使 V_1 和 V_2 管的输入信号电压大小相等、极性相反，即 $u_{i1}=u_{id}/2$、$u_{i2}=-u_{id}/2$，则这种输入信号称为差模信号，如图 5-18(b)所示。

【想一想】差动放大电路对共模信号具有抑制作用，那么对差模信号是否具有放大作用呢？

设 $A_{u1}=\dfrac{u_{01}}{u_{i1}}$，是三极管 V_1 组成的单管放大器的电压放大倍数。

设 $A_{u2}=\dfrac{u_{02}}{u_{i2}}$，是三极管 V_2 组成的单管放大器的电压放大倍数。

因为电路完全对称，所以 $A_{u1}=A_{u2}=A_{u单}$。

差动放大电路的输出电压 u_o 为

$$u_o=u_{01}-u_{02}=A_{u1}u_{i1}-A_{u2}u_{i2}=A_{u单}(u_{i1}-u_{i2})=A_{u单}u_{id}$$

所以差模电压放大倍数 A_{ud}（为输出电压 u_o 与差模输入信号 u_{id} 之比）为

$$A_{ud}=\frac{u_o}{u_{id}}=\frac{A_{u单}u_{id}}{u_{id}}=A_{u单}$$

结论：差动放大电路对差模信号具有放大作用，而且差模电压放大倍数等于一个单管放大器的电压放大倍数。

3)不对称信号输入。在实际中，差动放大电路的输入信号往往既不是共模信号，也不是差模信号，即 $u_{i1}\neq u_{i2}$。此时可将输入信号分解成一对共模信号和一对差模信号，它们共同作用在差动放大电路的输入端。

差模输入电压 $u_{id}=u_{i1}-u_{i2}$。

共模输入电压 $u_{ic}=(u_{i1}+u_{i2})/2$。

差动放大电路的输出电压 $u_o=A_{ud}u_{id}+A_{uc}u_{ic}$。

在实际工程中，要做到两个电路完全对称是不可能的。所以，共模电压放大倍数不可能等于零。为了表示一个电路放大有用的差模信号和抑制无用的共模信号的综合能力，引入共模抑制比的指标 K_{CMRR}，它的定义为

$$K_{CMRR}=\left|\frac{A_{ud}}{A_{uc}}\right|$$

或用分贝表示

$$K_{CMRR}(dB)=20\lg\left|\frac{A_{ud}}{A_{uc}}\right|$$

一个理想的差动放大电路，$A_{uc}=0$，故 K_{CMRR} 为无穷大，而对一个实际的差动放大电路，显然共模抑制比是越大越好，越大说明放大器抑制温漂的能力越强。

【想一想】基本的差分放大电路是如何抑制零漂的呢？

2. 差动放大电路的改进

基本差动放大器由于其电路组成具有对称性，可以把温漂完全抑制掉。然而在实际电路中做到电路组成完全对称是不可能的，另外，基本差动放大电路每个管的集电极电位的漂移并未受到抑制，如果采用单端输出，漂移根本无法抑制。因此，常采用图 5-19 所示的电路，在这个电路中多加了电位器、发射极电阻和负电源。

(1)长尾式差动放大电路[图 5-19(a)]。带公共 R_e 的差动式放大电路也称为长尾式差动放大电路。下面分析 R_e 对共模电压放大倍数和差模电压放大倍数的影响。

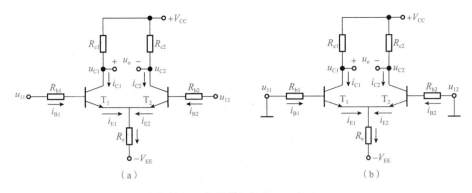

图 5-19　长尾式差动放大电路

(a)差动放大电路；(b)静态工作点的分析

1)静态分析。如图 5-19(b)所示，由于流过 R_e 的电流为 I_{EQ1} 和 I_{EQ2} 之和，又由于电路的对称性，则 $I_{EQ1}=I_{EQ2}$，流过 R_e 的电流为 $2I_{EQ1}$。

①静态工作点的估算。

$$V_{EE}=U_{BEQ1}+I_{EE}R_{EE}$$

所以

$$I_{EE}=\frac{V_{EE}-U_{BEQ1}}{R_{EE}}$$

因此，两管的集电极电流均为

$$I_{CQ1}=I_{CQ2}\approx\frac{V_{EE}-U_{BEQ}}{2R_{EE}}$$

两管集电极对地电压为

$$U_{CQ1}=V_{CC}-I_{CQ1}R_c,\ U_{CQ2}=V_{CC}-I_{CQ2}R_c$$

可见，静态两管集电极之间的输出电压为

$$u_o=U_{CQ1}-U_{CQ2}=0$$

②稳定静态工作点的过程。加 R_e 后，当温度上升时，由于 I_{CQ1} 和 I_{CQ2} 同时增大，则 I_{EQ}、U_{EQ} 增大，U_{BEQ}、I_{BQ}、I_{CQ} 减小，稳定了 I_{CQ}，这一稳定过程实质上是一个负反馈过程。R_e 越大工作点越稳定，但 R_e 过大会导致 U_{EQ} 过高，使静态电流减小，加入负电源 $-V_{EE}$ 可补偿 R_e 上的压降。

2)动态分析。

①R_e 对差模信号的影响。如图 5-20 所示，加入差模信号时由于 $u_{i1}=-u_{i2}$，则 $i_{e1}=-i_{e2}$，流过 R_e 的电流 $i_e=i_{e1}+i_{e2}=0$。对差模信号来讲，R_e 上没有信号压降，即 R_e 对差模电压放大倍数没有影响。

差模电压放大倍数：$A_{ud}=\dfrac{u_{od}}{u_{id}}=\dfrac{u_{o1}-u_{o2}}{u_{i1}-u_{i2}}=\dfrac{2u_{o1}}{2u_{o2}}=\dfrac{u_{o1}}{u_{o2}}=A_{ud1}$

结论：差分放大电路双端输出时的差模电压放大倍数等于单管的差模电压放大倍数。

输入电阻：$r_i=2r_{be}$。

输出电阻：$r_o\approx2R_c$。

③R_e 对共模信号的影响。如图 5-21 所示，加入共模信号时，由于 $u_{i1}=u_{i2}$，则 $i_{e1}=i_{e2}$，流过 R_{e1} 的电流 $i_e=i_{e1}+i_{e2}=2i_{e1}$，$u_e=2i_{e1}R_e$，对于共模信号可以等效成每管发射极接入 $2R_e$ 的电阻。

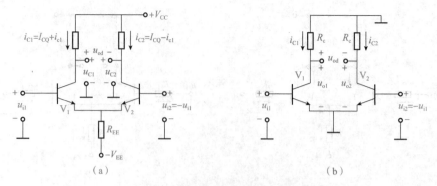

图 5-20 差分放大电路差模信号输入

(a) 差模信号输入；(b) 差模信号交流通路

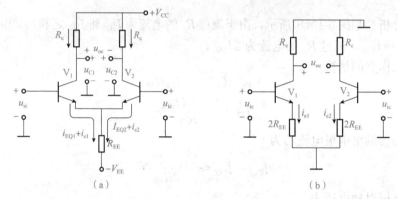

图 5-21 差分放大电路共模信号输入

(a) 共模信号输入；(b) 共模信号交流通路

共模电压放大倍数 $A_{uc} = -\beta \dfrac{R_c}{R_s + r_{be} + 2(1+\beta)R_e}$。

结论： R_e 使共模电压放大倍数减小，而且 R_e 越大，A_c 越小，K_{CMRR} 越大。

(2) 具有恒流源的差动放大电路。通过对带 R_e 的差动式放大电路的分析可知，R_e 越大，K_{CMRR} 越大，但增大 R_e，相应的 V_{EE} 也要增大。显然，使用过高的 V_{EE} 是不合适的。此外，R_e 直流能耗也相应增大。因此，靠增大 R_e 来提高共模抑制比是不现实的。

设想，在不增大 V_{EE} 时，如果 $R_e \to \infty$，$A_c \to 0$，则 $K_{CMRR} \to \infty$，这是最理想的。为解决这个问题，用恒流源电路来代替 R_e，电路如图 5-22(a) 所示，图 5-22(b) 是实际电路之一。

在图 5-22(b) 所示电路中，在一定的条件下，T_3、R_1、R_2、R_3 就可以构成恒流源。若电阻 R_2 中的电流 I_2 远远大于 T_3 管的基极电流 I_{B3}，则 $I_1 \approx I_2$，R_2 上的电压

$$U_{R_2} \approx \frac{R_2}{R_1 + R_2} V_{EE}$$

T_3 管的集电极电流

$$I_{C3} \approx I_{E3} = \frac{U_{R_2} - U_{BE3}}{R_3}$$

【想一想】典型差分放大电路抑制零漂的原理是什么？

(3) 差动式放大电路的输入、输出方式。由于差动式放大电路有两个输入端、两个输出端，因此，信号的输入和输出有四种方式，分别是双端输入双端输出、双端输入单端输出、

单端输入双端输出、单端输入单端输出。根据不同需要可选择不同的输入、输出方式。

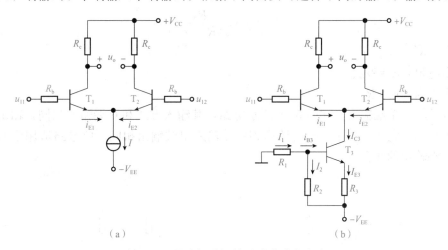

图 5-22　具有恒流源的差动式放大电路

(a)射极接恒流源共模信号输入；(b)实际电路

1)双端输入双端输出。电路如图 5-23 所示，其中，差模电压放大倍数为

$$A_{ud}=\beta \cdot \frac{R'_L}{R_S+r_{bB}}$$

输入电阻：$r_i=2(R_S+r_{be})$；$R'_L=R_c /\!/ (R_L/2)$。

输出电阻：$r_o=2R_c$。

此电路适用于输入、输出不需要接地，对称输入、对称输出的场合。

2)单端输入双端输出。如图 5-24 所示，信号从一只管(V_1)的基极与地之间输入，另一只管的基极接地，表面上似乎两管不是工作在差动状态，但是，若将发射极公共电阻 R_e 换成恒流源，那么，I_{C1} 的任何增加将等于 I_{C2} 的减少，也就是说，输出端电压的变化情况将和差动输入(即双端输入)时一样。此时，V_1、V_2 管的发射极电位 U_E 将随着输入电压 U_i 而变化，变化量为 $U_i/2$，于是，V_1 管的 $U_{be}=U_i-U_i/2=U_i/2$，V_2 管的 $U_{be}=0-U_i/2=-U_i/2$。这样来看，单端输入的实质还是双端输入，可以将它归结为双端输入的问题。因此，它的 A_d、r_i、r_o 的估算与双端输入双端输出的情况相同。此电路适用于单端输入转换成双端输出的场合。

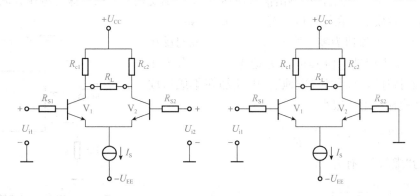

图 5-23　双端输入双端输出　　　**图 5-24　单端输入双端输出**

3)单端输入单端输出。图 5-25 所示为单端输入单端输出的接法。信号只从一只管的基极与地之间接入，输出信号从一只管的集电极与地之间输出，输出电压只有双端输出的一

半，电压放大倍数 A_{ud} 也只有双端输出时的一半。

$$A_{ud} = \beta \cdot \frac{R'_L}{2(R_c + r_{be})}$$

式中，$R'_L = R_c /\!/ R_L$。

输出电阻：$r_i = 2r_{be}$。

输入电阻：$r_o \approx R_c$。

4）双端输入单端输出。如图 5-26 所示电路，其输入方式和双端输入相同，输出方式和单端输出相同，它的 A_d、i_i、r_o 的计算和单端输入单端输出相同。此电路适用于双端输入转换成单端输出的场合。

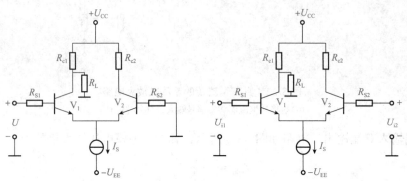

图 5-25　单端输入单端输出　　　　　图 5-26　双端输入单端输出

从几种电路的接法来看，只有输出方式对差模放大倍数和输入、输出电阻有影响，不论哪一种输入方式，只要是双端输出，其差模放大倍数就等于单管放大倍数，单端输出差模电压放大倍数为双端输出的一半。

二、比例运算电路的分析及计算

1. 反向比例运算电路

图 5-27 电路中集成运放 A_1 构成的是反相比例运算器。输入信号经 R_1 加至集成运放的反相输入端，R_f 为反馈电阻，把输出信号电压 u'_o 反馈到反相端，构成深度电压并联负反馈。

由于集成运放工作在线性区，有 $u_+ = u_-$、$i_+ = i_- = 0$，即流过 R_2 的电流值为零，则 $u_+ = u_- = 0$，说明反相端虽然没有直接接地，但其电位为地电位，相当于接地，是"虚假接地"，简称为"虚地"。因此加在集成运放输入端的共模输入电压很小。

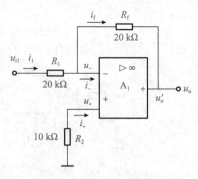

图 5-27　反向比例运算电路

因为 $i_1 = \dfrac{u_{i1} - u_-}{R_1}$，$i_f = \dfrac{u_- - u'_o}{R_f}$，

又因为"虚断"，有 $i_1 = i_f$，

即 $\dfrac{u_{i1} - u_-}{R_1} = \dfrac{u_- - u'_o}{R_f}$；

又因为"虚地"，$u_- = 0$，

所以，$u'_o = -\dfrac{R_f}{R_1} u_{i1}$，

集成运算放大电路
的比例运算

电压放大倍数：$A_{uf}=\dfrac{u'_o}{u_{i1}}=-\dfrac{R_f}{R_1}$。

即输出电压与输入电压的相位相反，比值$|A_{uf}|$取决于电阻R_f和R_1之比，而与集成运放的各项参数无关。根据电阻取值的不同，比例$|A_{uf}|$可以大于1，也可以小于1。当$R_f=R_1$时，$A_{uf}=-1$，此时的电路称为反相器，用于在数学运算中实现变号运算。

2. 同相比例运算电路

如果输入信号加到集成运放的同相输入端，反馈电阻接到其反相端，就构成了同相比例运算器，电路如图 5-28 所示。R_2是平衡电阻，应保证$R_2=R_1//R_f$。

根据电路结构及集成运放工作在线性区时的"虚短"

和"虚断"的特点，可得电压放大倍数：$A_{uf}=\dfrac{u_o}{u_i}=1+\dfrac{R_f}{R_1}$。

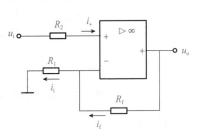

图 5-28　同相比例运算电路

比例$|A_{uf}|$值恒大于或等于1，所以同相比例运算放大电路不能完成比例系数小于1的运算。当将电阻取值为$R_f=0$或$R_1=\infty$时，显然有$A_{uf}=1$，这时的电路称为电压跟随器，在电路中用于驱动负载和减轻对信号源的电流索取。

同相比例运算器输入电阻很高，为

$$R_{if}=(1+A_{od}F)R_{id}$$

F是反馈系数：$F=\dfrac{u_f}{u_o}=\dfrac{R_1}{R_1+R_f}$。

电路的输出电阻很小，可以认为$R_o=0$。

注意：同相比例运算放大电路是一个深度的电压串联负反馈电路。因为$u_-=u_+=u_i$，所以不存在"虚地"现象，在选用集成运放时要考虑到其输入端可能具有较高的共模输入电压，要选用输入共模电压高的集成运放器件。

三、加减运算电路的分析及计算

1. 加法运算电路(图 5-29)

R'_2是平衡电阻，应保证$R'_2=R_{11}//R_{12}//R'_f$。

因为$i_{11}+i_{12}=i_i$，即$\dfrac{u'_{i1}-u_-}{R_{11}}+\dfrac{u_{i2}-u_-}{R_{12}}=i_i$，

又因为"虚断"，有$i_i=i'_f=\dfrac{u_--u_o}{R'_f}$，

即：$\dfrac{u'_{i1}-u_-}{R_{11}}+\dfrac{u_{i2}-u_-}{R_{12}}=\dfrac{u_--u_o}{R'_f}$；

又因为"虚地"，$u_-=0$，

所以整理得：$u_o=-\left(\dfrac{R'_f}{R_{11}}u'_{i1}+\dfrac{R'_f}{R_{12}}u_{i2}\right)$，

当$R_{11}=R_{12}=R'_f$时，上式变为：$u_o=-(u'_{i1}+u_{i2})$，

实现了多个信号的反相求和。

2. 减法运算电路(图 5-30)

减法运算是指电路的输出电压与同相端输入电压和反相端输入电压之差成正比,减法运算又称为差动比例运算,引入电压负反馈,保证运放工作在线性区。

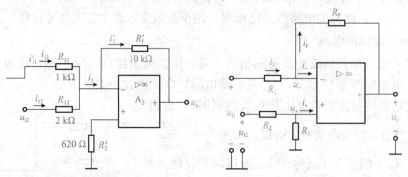

图 5-29　加法运算放大电路　　　图 5-30　减法运算放大电路

输出电压为

$$u_o = \frac{R_F}{R_1} u_{I1} + \left(1 + \frac{R_F}{R_1}\right) \frac{R_3}{R_2 + R_3} u_{I2}$$

四、积分与微分运算电路的分析及计算

集成运放构成的放大器不仅可以实现比例、加法和减法运算,还可以实现积分与微分运算。

1. 积分运算

在反相比例运算电路中,用电容 C 代替 R_F 作为反馈元件,引入并联电压负反馈,就成为积分运算电路,电路如图 5-31(a)所示。

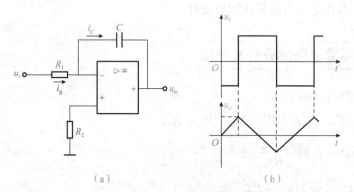

（a）　　　　　　　　（b）

图 5-31　积分运算电路

(a)电路图；(b)输入、输出波形

由集成运放工作于线性区的"虚短"和"虚断"的特点,可列出

$$i_R = i_C = \frac{u_i}{R_1}$$

所以得出

$$u_o = -u_C = \frac{1}{2}\int i_C dt = \frac{1}{RC}\int u_i dt$$

上式说明，输出电压为输入电压对时间的积分，实现了积分运算，式中负号表示输出与输入相位相反。

积分电路除用于积分信号运算外，还可以实现波形变换，如图 5-31(b)所示，可将矩形波变成三角波输出。积分电路在自动控制系统中用以延缓过渡过程的冲击，使被控制的电动机外加电压缓慢上升，避免其机械转矩猛增，造成传动机械的损坏。积分电路还常用来做显示器的扫描电路，以及模/数转换器、数学模拟运算等。

2. 微分运算

将积分电路中的 R_1 和 C 互换，就可得到微分(运算)电路，如图 5-32(a)所示。在这个电路中，A 点为"虚地"，即 $u_A \approx 0$，再根据"虚断"的概念，$i_- \approx 0$，则 $i_R \approx i_C$。假设电容 C 的初始电压为零，那么

$$u_o = -i_R R = -RC \frac{du_i}{dt}$$

$$i_C = C \frac{du_i}{dt}$$

上式表明，输出电压为输入电压对时间的微分，且相位相反。

微分电路的波形变换作用如图 5-32(b)所示，可将矩形波变成尖脉冲输出。微分电路在自动控制系统中可用作加速环节，例如电动机出现短路故障时，起加速保护作用，迅速降低其供电电压。

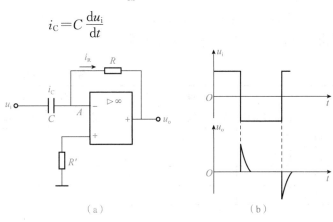

图 5-32　微分运算电路
(a)电路图；(b)输入、输出波形

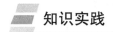 知识实践

集成运放的应用电路的测试与理想计算结果的对照分析与测试

一、测试目的

(1)掌握集成运算放大器外形特征、引脚设置及其基本外围电路的连接。

(2)通过反相比例运算电路、加法运算电路输入/输出之间关系的测试掌握集成运放基本运算电路的功能。

(3)进一步熟练示波器的使用，练习使用双踪示波器测量直流及正弦交流电压，以及对两路信号进行对比。

二、相关要求

(1)集成运放的符号识别。

(2)集成运放使用。

(3)集成运放工作在线性区特点。

(4)反相比例运算和反相加法运算有关知识。

三、仪器设备

万用表、音频信号发生器、示波器各一台，集成运放（μA741）一片，电阻器件若干。

四、测试内容

1. 反相比例运算电路测试

按图 5-33 在模拟实验包上搭建电路，确定无误后，接入 ±15 V 直流稳压电源。首先对运放电路进行调零，即令 $U_i=0$，再调整调零电位器 R_P，使输出电压 $U_o=0$。

(1)按表 5-2 指定的电压输入值，分别测量对应的输出电压 U_o，并计算出电压放大倍数。

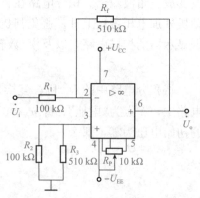

图 5-33　反相比例运算电路

表 5-2　测试值记录表

U_i/mV	$R_1=100\ \text{k}\Omega$			$R_1=51\ \text{k}\Omega$			$R_1=R_f=100\ \text{k}\Omega$		
	U_o 计算值	U_o 实测值	A_u 实测值	U_o 计算值	U_o 实测值	A_u 实测值	U_o 计算值	U_o 实测值	A_u 实测值
100									
200									
300									
−100									

(2)将输入信号改为 $f=1\ \text{kHz}$、幅值为 200 mV 的正弦交流信号，用示波器观察输入、输出信号的波形。分析其是否满足上述反相比例关系。

(3)把 R_1、R_2 阻值换成 51 kΩ，其余条件不变，重复上述(1)、(2)步的内容。

2. 反相加法运算电路测试

按图 5-34 接线，调零过程同上。

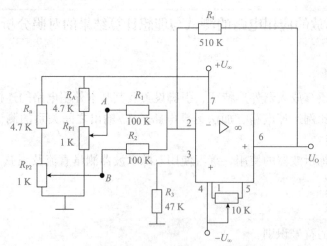

图 5-34　反相加法运算电路

调节 R_{P1}、R_{P2}，使 A、B 两点电位 U_A、U_B 为表 5-3 中数值。分别测量对应的输出电压 U_o。

表 5-3 反相加法运算电路参数

测试数据	U_A/V	+0.1	+0.2	−0.3	−0.3	−0.2	+0.4
	U_B/V	+0.1	+0.3	+0.2	+0.4	−0.2	−0.2
	U_o/V						
理论计算	U_o/V						

五、思考与讨论

(1)运放两个输入端为什么要平衡？

(2)在集成运放的运算电路中，为什么其输出、输入之间关系仅由外接元件决定，而与运放本身的参数无关？

六、总结报告

(1)整理数据，完成表格。

(2)根据测量结果将实测值与计算值相比较，分析各个基本运算电路是否符合相应运算关系。

(3)总结集成运放的调零过程。

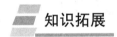

知识拓展

常用集成运放电路线性典型应用

一、LM324 运算放大电路

LM324 是四运放集成电路，它采用 14 脚双列直插塑料封装，外形如图 5-35(b)所示。它的内部包含四组形式完全相同的运算放大器，除电源共用外，四组运放相互独立。每一组运算放大器可用图 5-35(a)所示的符号来表示，它有五个引出脚，其中"＋""－"为两个信号输入端，"V_+""V_-"为正、负电源端，"V_o"为输出端。两个信号输入端中，$V_{i-}(-)$为反相输入端，表示运放输出端 V_o 的信号与该输入端的位相反；$V_{i+}(+)$为同相输入端，表示运放输出端 V_o 的信号与该输入端的相位相同。

由于 LM324 四运放电路具有电源电压范围宽、静态功耗小、可单电源使用、价格低等优点，因此被广泛应用在各种电路中。

1. LM324 作反相交流放大器

电路如图 5-36 所示。此放大器可代替三极管进行交流放大，可用于扩音机前置放大等。电路无须调试。放大器采用单电源供电，由 R_1、R_2 组成 $1/2\,V_+$ 偏置，C_1 是消振电容。

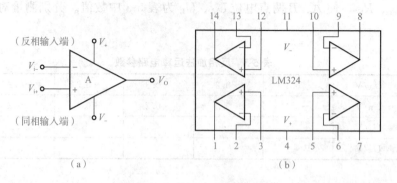

图 5-35　LM324 结构与引脚说明

放大器电压放大倍数 A_u 仅由外接电阻 R_i、R_f 决定：$A_u=-R_f/R_i$。负号表示输出信号与输入信号相位相反。按图中所给数值，$A_u=-10$。此电路输入电阻为 R_i。一般情况下先取 R_i 与信号源内阻相等，然后根据要求的放大倍数选定 R_f。C_o 和 C_i 为耦合电容。

2. LM324 作同相交流放大器

图 5-37 是用 LM324 作同相交流放大器，特点是输入阻抗高。其中的 R_1、R_2 组成 $1/2V_+$ 分压电路，通过 R_3 对运放进行偏置。电路的电压放大倍数 A_u 也仅由外接电阻决定：$A_u=1+R_f/R_4$，电路输入电阻为 R_3。R_4 的阻值范围为几千欧姆到几十千欧姆。

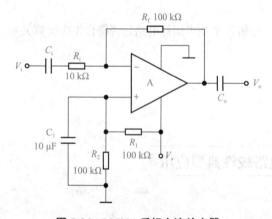

图 5-36　LM324 反相交流放大器

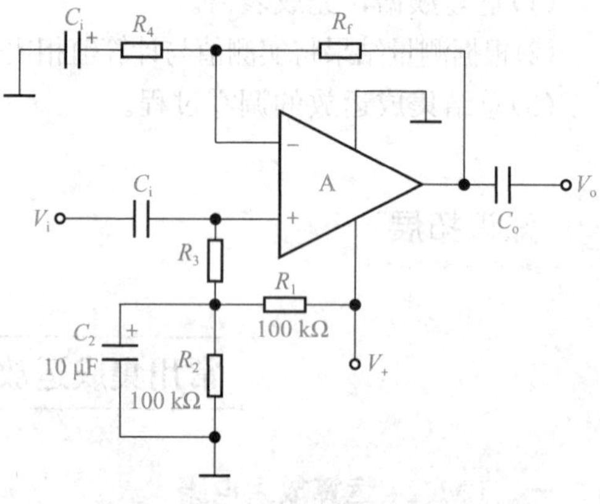

图 5-37　LM324 同相交流放大器

3. LM324 应用作测温电路（图 5-38）

感温探头采用一只硅三极管 3DG6，把它接成二极管形式。硅三极管发射结电压的温度系数约为 -2.5 mV/℃，即温度每上升 1 度，发射结电压变会下降 2.5 mV。运放 A_1 连接成同相直流放大形式，温度越高，三极管 BG1 压降越小，运放 A_1 同相输入的电压就越低，输出端的电压也越低。

这是一个线性放大过程。在 A_1 输出端接上测量或处理电路，便可对温度进行指示或进行

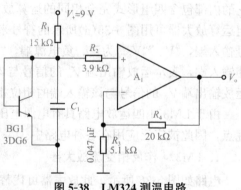

图 5-38　LM324 测温电路

其他自动控制负反馈放大电路的应用。

二、简单电感量测量装置

在电子制作和设计中，经常会用到不同参数的电感线圈，这些线圈的电感量不像电阻那么容易测量，有些数字万用表虽有电感测量挡，但测量范围很有限。该电路以谐振方法测量电感值，测量下限可达 10 nH，测量范围很宽，能满足正常情况下的电感量测量，电路结构简单，工作可靠稳定，适合爱好者制作。

1. 电路工作原理

电路原理如图 5-39(a)所示。

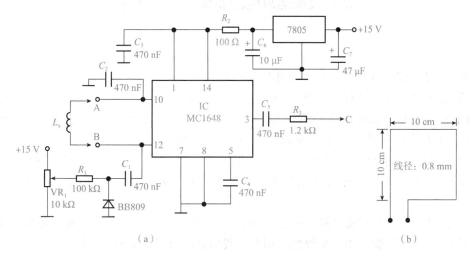

图 5-39　简单电感测量装置

(a)电感测量电路；(b)RF 标准线圈

该电路的核心器件是集成压控振荡器芯片 MC1648，利用其压控特性在输出脚 3 产生频率信号，可间接测量待测电感 L_x 值，测量精度极高。

BB809 是变容二极管，图中电位器 VR_1 对＋15 V 进行分压，调节该电位器可获得不同的电压输出，该电压通过 R_1 加到变容二极管 BB809 上可获得不同的电容量。测量被测电感 L_x 时，只需将 L_x 接到图中 A、B 两点中，然后调节电位器 VR_1 使电路谐振，在 MC1648 的脚 3 会输出一定频率的振荡信号，用频率计测量 C 点的频率值，就可通过计算得出 L_x 值。电路谐振频率为 $f_0 = 1/2\pi L_x C$，所以得出 $L_x = 1/4\pi^2 f^2 C$。式中谐振频率 f_0 为 MC1648 的脚 3 输出频率值，C 是电位器 VR_1 调定的变容二极管的电容值，可见要计算 L_x 的值还需先知道 C 值。为此需要对电位器 VR_1 刻度与变容二极管的对应值作出校准。

为了校准变容二极管与电位器之间的电容量，我们要再自制一个标准的方形 RF(射频)电感线圈 L_0。如图 5-39(b)所示，该标准线圈电感量为 0.44 μH。校准时，将 RF 线圈 L_0 接在图 5-39(a)的 A、B 两端，调节电位器 VR_1 至不同的刻度位置，在 C 点可测量出相对应的测量值，再根据上面谐振公式可算出变容二极管在电位器 VR_1 刻度盘不同刻度的电容量。

2. 元器件选择

集成电路 IC 可选择 Motorola 公司的 VCO(压控振荡器)芯片。VR_1 选择多圈高精度电位器。其他元器件按电路图所示选择即可。

3. 制作与调试方法

制作时，需在多圈电位器轴上自制一个刻度盘，并带上指针。RF 标准线圈按图 5-39（b）所给尺寸自制。电路安装正确即可正常工作，调节电位器 VR₁ 取滑动的多个点与变容二极管的对应关系，可保证测量方便。该测量方法属于间接测量，但测量范围宽，测量准确，所以对电子爱好者和实验室检测电感量有可取之处。该装置的固定电感可变成一个可调频率的信号发生器。

常用集成运放电路非线性典型应用

一、电压比较器

【想一想】迟滞电压比较器的主要作用是什么？

让集成运放工作于开环状态或引入正反馈，由于集成运放的开环增益很高，这时即使在两个输入端有非常微小的差值信号存在，也会使集成运放的输出达到饱和状态，集成运放已经工作在非线性区了。集成运放工作在非线性区可用来作为信号的电压比较器，即对模拟信号进行幅值大小的比较，在集成运放的输出端则以高电平或低电平来反映比较的结果。电压比较器是信号发生、波形变换、模拟/数字转换等电路常用的单元电路。

思考：某一电子电路需要输入一矩形波信号，但实验室中只有正弦波信号发生器，怎么办？学完集成运算放大器的非线性应用后，我们就能很轻松地解决此问题。

1. 基本电压比较器

图 5-40 是基本电压比较器的电路和其电压传输特性。

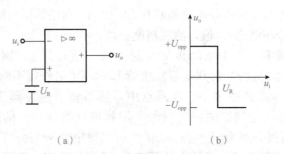

（a）　　　　　　　　　　（b）

图 5-40　基本电压比较器电路及其电压传输特性
（a）电路；（b）电压传输特性

由集成运放的特点，可以分析出：

当输入信号 u_i 小于比较信号 U_R 时，有 $u_o = +U_{opp}$。

当输入信号 u_i 大于比较信号 U_R 时，有 $u_o = -U_{opp}$。

当比较电压（又称门限电压）$U_R = 0$ 时，即输入电压和零电平进行比较，此时的电路称为过零电压比较器，图 5-41 所示为过零电压比较器的波形转换，可以实现波形变换。

2. 迟滞电压比较器

在实际应用时，如果实际测得的信号存在外界干扰，即在正弦波上叠加了高频干扰，过零电压比较器就容易出现多次误翻转，如图 5-42 所示。解决办法是采用迟滞电压比较器。迟滞电压比较器的电路如图 5-43(a)所示。

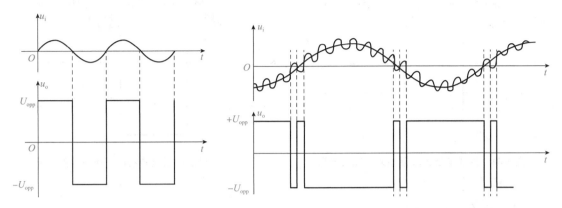

图 5-41　过零电压比较器的波形转换作用　　图 5-42　基本电压比较受外界干扰的影响

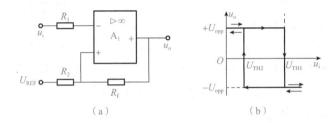

（a）　　　　　　　　　　　　（b）

图 5-43　迟滞电压比较器
(a)电路图；(b)传输特性

该电路的同相输入端电压 u_+，由 u_o 和 U_{REF} 共同决定，根据叠加原理得

$$u_+ = \frac{R_2}{R_1 + R_f}u_o + \frac{R_f}{R_1 + R_f}U_{REF}$$

由于运放工作在非线性区，输出只有高低电平两个电压 $+U_{opp}$ 和 $-U_{opp}$，因此当输出电压为 $+U_{opp}$ 时，u_+ 的上门限电压为

$$U_{TH_+} = \frac{R_2}{R_1 + R_f}U_{OPP} + \frac{R_f}{R_1 + R_f}U_{REF}$$

输出电压为 $-U_{opp}$ 时，u_+ 的下门限电压为

$$U_{TH_-} = \frac{R_2}{R_1 + R_f}(-U_{OPP}) + \frac{R_f}{R_1 + R_f}U_{REF}$$

这种比较器在两种状态下，有各自的门限电平。对应于 $+U_{opp}$ 有门限电压 U_{TH+}，对应于 $-U_{opp}$ 有下门限电压 U_{TH-}。图 5-44 所示为迟滞电压比较器输入、输出波形，可以实现波形的变化。从图 5-45 看出迟滞电压比较器具有抗干扰的能力。

在生产实践中，经常需要对温度、水位进行控制，这些都可以用迟滞电压比较器来实现。如东芝 GR 系列电冰箱的温控就采取了电子温控电路，在这个电路中，迟滞电压比较器是必不可少的，只要改变门限电压的值，就改变了电冰箱的温控值。

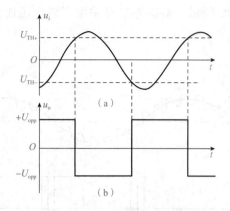

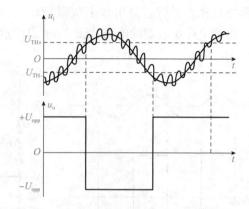

图 5-44　迟滞电压比较器输入、输出波形
(a)输入波形；(b)输出波形

图 5-45　迟滞电压比较器对干扰信号的滤除

二、有源滤波器的设计

在实际电子系统中，输入信号可能因干扰等原因而含有一些不必要的频率成分，应当设法将它衰减到足够小的程度。在另一些场合，有用信号和其他信号混在一起，必须设法把有用信号挑选出来。为了解决上述问题，可采用滤波电路。

滤波电路的作用是能从输入信号中选出一定频率范围内的有用信号，使其能够顺利通过，而对无用的或干扰频率段的信号加以抑制。工程上常把它用作信号处理、数据传输和抑制干扰等，在通信、电子工程、仪器仪表等领域应用很广泛。

按性能不同，滤波电路可分为以下两种。

(1)无源滤波电路。由无源元件(R、C、L 等)组成的电路。

(2)有源滤波电路。由有源器件(集成运放)和无源 RC 网络组成的电路。

相对于传统的 RC 滤波电路、LC 滤波电路、陶瓷滤波电路等无源滤波电路而言，使用集成运算放大器组成的有源滤波电路，具有体积小、负载能力强、滤波效果好等优点，并兼有放大作用。

按幅频特性不同，滤波电路可分为以下四种。

(1)低通滤波电路(LPF)。允许低频信号通过，将高频信号衰减。

(2)高频滤波电路(HPF)。允许高频信号通过，将低频信号衰减。

(3)带通滤波电路(BPF)。允许某一频带范围内的信号通过，将此频带以外的信号衰减。

(4)带阻滤波电路(BEF)。阻止某一频带范围内的信号通过，允许此频带以外的信号通过。

1. 设计目的任务

(1)设计目的。通过设计制作一个有源滤波器，训练学生综合运用学过的电子电路的基本知识，使学生了解设计制作所用的集成运放、低通、高通、带通、带阻滤波器的结构、功能及特点，熟练运用集成运放及有源滤波器，掌握有源滤波器的设计、制作、调试和检测的方法。

(2)设计任务。在语音信号中，响度最强的频率范围是 300 Hz～3 kHz 的信号，应用运算放大器、电阻、电容等电子元件设计并制作一个增益 40 dB，通频带 300 Hz～3 kHz 的有源带通滤波器，带通滤波器的频率特性曲线如图 5-46 所示。该有源带通滤波器具有 300 Hz～

3 kHz 的通频带，可以将这一频率范围内的信号放大并滤除带外干扰信号。试设计、制作、调试这个电路。

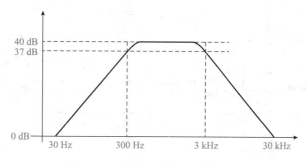

图 5-46　带通滤波器频率特性曲线

2. 电路参数设计

(1)设计要求分析。带通滤波器的频率特性曲线图如图 5-46 所示，该滤波器可以将 300 Hz～3 kHz 频率范围内的信号放大 40 dB 并按 40 dB/10 倍频程滤除带外干扰信号，由于高通滤波器和低通滤波器串联可以构成带通滤波器，所以该滤波器前级设计成二阶有源高通滤波器，后级设计成二阶有源低通滤波器，再把它们连接起来。先计算确定各元件参数，然后再进行制作。

(2)电路参数计算。根据设计要求，该有源带通滤波器由两级二阶高通滤波器和二阶低通滤波器构成，第一级为二阶有源高通滤波器，增益 20 dB，下限截止频率为 300 Hz，第二级为二阶有源低通滤波器，增益 20 dB，上限截止频率为 3 kHz。两级增益共 40 dB，通频带 300 Hz～3 kHz。

第一级二阶有源高通滤波的截止频率为 300 Hz，增益为 20 dB，根据二阶有源高通滤波器的传输增益公式：$A_{VP} = -\dfrac{C_1}{C_3}$，由于 $A_{VP} = 10$，设 $C_1 = 0.1\ \mu F$，则 $C_3 = 0.01\ \mu F$。下限截止频率 $f_C = \dfrac{1}{\sqrt{R_1 R_2 C_2 C_3}}$，由于 $f_C = 300$ Hz，则 $C_2 = 0.068\ \mu F$，$R_1 = 20\ k\Omega$，$R_2 = 20\ k\Omega$。

第二级二阶有源低通滤波器的截止频率为 3 kHz，增益为 20 dB，所以根据二阶有源低通滤波器的传输增益公式：$A_{\mu P} = \left(1 + \dfrac{R_f}{R_1}\right)$，先设 $R_4 = 10\ k\Omega$，则 $R_6 = 90\ k\Omega$。再由上限截止频率公式 $f_P = \sqrt{\dfrac{\sqrt{53} - 7}{2}}\, f_0 = 0.37 f_0 = \dfrac{0.37}{2\pi RC}$，由于 $f_P = 3$ kHz，设 $C_4 = C_5 = 0.1\ \mu F$，则 $R_2 = R_3 = 2\ k\Omega$。

由于该滤波器采用两级设计，每级需要一个运放，共需要两个运放，故考虑采用 LM358 双运放芯片。通频带 300 Hz～3 kHz 的有源带通滤波器电路原理如图 5-47 所示。LM358 芯片引脚功能如图 5-48 所示。

(3)设计指标的完成。该有源带通滤波器每级增益为 20 dB，共 40 dB，每级均采用二阶有源滤波器，斜率为 40 dB/10 倍频程，第一级为有源二阶高通滤波器，下限截止频率为 300 Iz，第二级为有源二阶低通滤波器，上限截止频率为 3 kHz，整个滤波器电路通频带 300 Hz～3 kHz，增益 40 dB，斜率 40 dB/10 倍频程，达到设计要求。

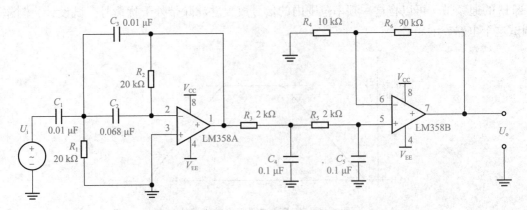

图 5-47 通频带 300 Hz～3 kHz 的有源带通滤波器电路原理图

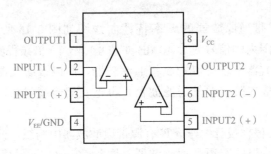

图 5-48 LM358 功能引脚

3. 设备及耗材

直流稳压电源、斜口钳、镊子、电烙铁、焊锡、信号发生器、示波器、数字万用表。元器件清单见表 5-4。

表 5-4 有源带通滤波器元件清单

序号	电路图中标示	元器件名称	规格与型号
1	LM358	双运放	LM358
2	R_1	电阻	20 kΩ
3	R_2	电阻	20 kΩ
4	R_3	电阻	2 kΩ
5	R_4	电阻	10 kΩ
6	R_5	电阻	2 kΩ
7	R_6	电阻	90 kΩ
8	C_1	电容	0.1 μF
9	C_2	电容	0.068 μF
10	C_3	电容	0.01 μF
11	C_4	电容	0.1 μF
12	C_5	电容	0.1 μF
13	电路板	电路板	6 cm×8 cm 万能板

4. 电路装配、制作

(1)装配与制作注意事项。

1)焊接顺序：先芯片再分立元件。

2)焊接芯片时，要注意方向，不能焊反，否则一通电立即烧掉芯片。注意控制焊接时间和温度，焊接时间切勿过长，温度不能过高，以免烫坏芯片。

3)装配和焊接电阻时，注意先测量电阻的阻值与电路原理图上的电阻是否相符。电阻优先采用卧式安装，空间不够时可采用立式安装。

4)装配和焊接电容时，注意检查电容量与电路原理图上的电容量是否相符。

(2)安装与焊接常见问题。

1)装配时把元器件放错在焊接面。

2)电阻装配焊接有误，阻值不对。

3)LM358芯片方向装反焊反。

4)LM358芯片焊接时间过长、温度过高，烧坏芯片。

5)焊接技术不过关，有毛刺、不光滑、脏污、虚焊和假焊现象。

5. 电路调试

(1)准备好调试用的±12 V稳压电源、函数信号发生器、双踪示波器、数字万用表等仪器。

(2)在电路输入端接上函数信号发生器，输入和输出端接上双踪示波器，然后接上±12 V稳压电源。

(3)把信号发生器调到正弦波，频率调到30 Hz，观察输入和输出信号波形、幅度并记录下来。

(4)把信号发生器的频率调到100 Hz，观察输入和输出信号波形、幅度并记录下来。

(5)按表5-5所列的频率重复以上过程，直到把频率提高到30 kHz。

(6)把上述数据填入表5-5，并画出滤波器的频率特性曲线。

(7)把所画的频率特性曲线和图5-46进行比较，判断电路是否达到设计要求，如果达不到设计要求，找出原因并加以分析。

(8)根据以上分析修改并调试电路，使电路达到设计要求。

表5-5　有源滤波器幅度与频率特性数据

频率/Hz	输入信号/mV	输出信号/mV	放大倍数/倍
30			
100			
200			
300			
500			
800			
1 k			

频率/Hz	输入信号/mV	输出信号/mV	放大倍数/倍
1.2 k			
1.5 k			
1.8 k			
2 k			
2.2 k			
2.5 k			
2.8 k			
3 k			
10 k			
20 k			
30 k			

三、仪表放大器

随着电子技术的飞速发展，运算放大电路也得到广泛的应用。仪表放大器是一种精密差分电压放大器，它源于运算放大器，且优于运算放大器。仪表放大器把关键元件集成在放大器内部，其独特的结构使它具有高共模抑制比、高输入阻抗、低噪声、低线性误差、低失调漂移增益、设置灵活和使用方便等特点，使其在数据采集、传感器信号放大、高速信号调节、医疗仪器和高档音响设备等方面备受青睐。仪表放大器是一种具有差分输入和相对参考端单端输出的闭环增益组件，具有差分输入和相对参考端的单端输出。与运算放大器不同之处是运算放大器的闭环增益是由反相输入端与输出端之间连接的外部电阻决定，而仪表放大器则使用与输入端隔离的内部反馈电阻网络。仪表放大器的两个差分输入端施加输入信号，其增益既可由内部预置，也可通过引脚内部设置或者通过与输入信号隔离的外部增益电阻预置。

仪表放大器电路的实现方法主要分为两大类：第一类由分立元件组合而成；另一类由单片集成芯片直接实现。根据现有元器件，分别以单运放 LM741、单片集成芯片 AD620 为核心设计出以下电路。

1. 以单运放 LM741 为核心的电路

通用型运放 LM741 组成三运放仪表放大器电路形式，辅以相关的电阻外围电路，加上 A_1、A_2 同相输入端的桥式信号输入电路，如图 5-49 所示。图 5-49 中的 $A_1 \sim A_3$ 分别用 LM741 替换即可。电路的工作原理与典型仪表放大器电路完全相同。

2. 以单片集成芯片为核心的电路

单片集成芯片 AD620 电路，如图 5-50 所示。它的特点是电路结构简单，一个 AD620，一个增益设置电阻 R_g，加上工作电源就可以使电路工作，因此设计效率最高。图 5-50 中电路增益计算公式为 $G = 49.4K/R_g + 1$。

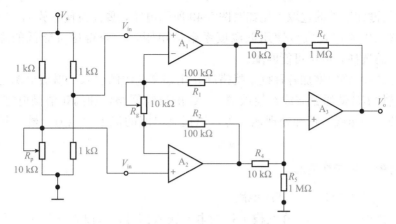

图 5-49　三运放仪表放大器电路

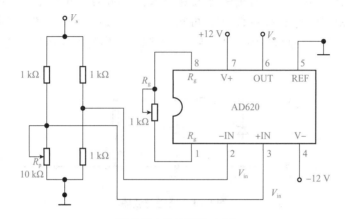

图 5-50　集成芯片电路

实现仪表放大器的两种电路中，都采用 4 个电阻组成电桥电路的形式，将双端差分输入变为单端的信号源输入。V_s 最大（小）输入是指在给定测试条件下，使电路输出不失真时的信号源最大（小）输入；最大增益是指在给定测试条件下，使输出不失真时的电路最大增益值。共模抑制比由公式 $K_{CMRR} = 20\lg |A_{ud}/A_{uc}|$（dB）计算得出。

3. 两种电路优缺点及注意事项

没有外界干扰因素，为理想条件下的测试；而实际测试电路由于受环境干扰因素（如环境温度、空间电磁干扰等）、人为操作因素、实际测试仪器精确度、准确度和量程范围等的限制，使测试条件不够理想，测量结果具有一定的误差。在实际电路设计过程中，仿真与实际测试各有所长。一般先通过仿真测试，初步确定电路的结构及器件参数，再通过实际电路测试，改进其具体性能指标及参数设置。这样，在保证电路功能、性能的前提下，大大提高电路设计的效率。在两种电路中，AD620 除最大增益相对较小，还具有电路简单、性能优越、节省设计空间等优点。成本高是 AD620 的最大缺点。LM741 在性能上不如 AD620 好。

综合以上分析，AD620 适用于对仪表放大器电路有较高性能要求的场合，LM741 适用于性能要求不高且需要节约成本的场合。针对具体的电路设计要求，选取不同的方案，以达到最优的资源利用。电路的设计方案确定以后，在具体的电路设计过程中，要注意以下几个方面：

(1)注意关键元器件的选取，比如对图 5-49 所示电路，要注意使运放 A_1、A_2 的特性尽可能一致；选用电阻时，应该使用低温度系数的电阻，以获得尽可能低的漂移；对 R_3、R_4、R_5 和 R_6 的选择，应尽可能匹配。

(2)要注意在电路中增加各种抗干扰措施，比如在电源的引入端增加电源退耦电容，在信号输入端增加 RC 低通滤波或在运放 A_1、A_2 的反馈回路增加高频消噪电容，在 PCB 设计中精心合理布局布线，正确处理地线等，以提高电路的抗干扰能力，最大限度地发挥电路的性能。

四、常用的信号转换电路

1. 电线绕电阻组成的 I/V 转换电路

在实际应用中，对于不存在共模干扰的电流输入信号，可以直接利用一个精密的线绕电阻，实现电流/电压的变换，若精密电阻 $R_1 + R_w = 500\ \Omega$，可实现 $0\sim10$ mA/$0\sim5$ V 的 I/V 转换，若精密电阻 $R_1 + R_w = 250\ \Omega$，可实现 $4\sim20$ mA/$1\sim5$ V 的 I/V 转换。图 5-51 中 R、C 组成低通滤波器，抑制高频干扰，R_w 用于调整输出的电压范围，电流输入端加一稳压二极管。

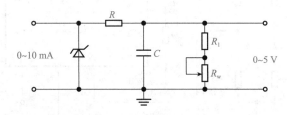

图 5-51　低通滤波器

输出电压为

$$V_o = I_i(R_1 + R_w)$$

缺点：输出电压随负载的变化而变化，使得输入电流与输出电压之间没有固定的比例关系。

优点：电路简单，适用于负载变化不大的场合。

2. 由运算放大器组成的 I/V 转换电路

原理：先将输入电流经过一个电阻(高精度、热稳定性好)使其产生一个电压，再将电压经过一个电压跟随器(或放大器)，将输入、输出隔离开来，使其负载不能影响电流在电阻上产生的电压，然后经一个电压跟随器(或放大器)输出。C_1 滤除高频干扰，应为 pF 级电容。电路如图 5-52 所示。

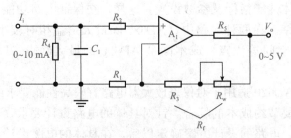

图 5-52　由运算放大器组成的 I/V 转换电路

输出电压为

$$V_o = I_i R_4 \left(1 + \frac{R_3 + R_w}{R_1}\right)$$

注释：通过调节 R_w 可以调节放大倍数。

优点：负载不影响转换关系，但输入电压受提供芯片电压的影响，即有输出电压上限值。

要求：电流输入信号 I_i 是从运算放大器 A_1 的同相输入端输入的，因此要求选用具有较高共模抑制比的运算放大器，例如，OP－07、OP－27 等。R_4 为高精度、热稳定性较好的电阻。

3. V/I 转换电路的基本原理

最简单的 V/I 转换电路就是一只电阻，根据欧姆定律：$I_o = \frac{U_i}{R}$，如果保证电阻不变，输出电流与输入电压成正比。但是，这样的电路无法使用：一方面，接入负载后，由于不可避免负载电阻的存在，式中的 R 发生了变化，输出电流也发生了变化；另一方面，需要输入信号提供相应的电流，在某些场合无法满足这种需要。

基于运算放大器的基本 V/I 转换电路为了保证负载电阻不影响电压/电流的转换关系，需要对电路进行调整，图 5-53 所示是基于运算放大器的基本 V/I 转换电路。利用运算放大器的"虚短"概念可知 $U_- = U_+ = 0$，因此流过 R_i 的电流为

$$I_i = \frac{U_i}{R_i}$$

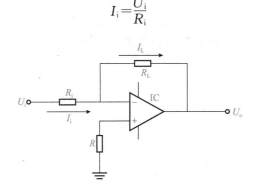

图 5-53 V/I 变换电路

再利用运算放大器的"虚断"概念可知，流过 R_L 的电流为

$$I_L = I_i = \frac{U_i}{R_i}$$

缺点是：负载电阻 R_L 与输入电压 U_i 没有共地点。因此不太实用。

解决方法是：在同相输入端与输出端加以电压跟随器，以实现共地输出的 V/I 转换。其电路如图 5-54 所示。

相应计算公式如下。

由 IC_2 为电压跟随器，则

$$U_o = U_{o2}$$

由运放"虚断"可知

$$\frac{U_i - U_p}{R_3} = \frac{U_n - U_{o2}}{R_4} \qquad \frac{U_n}{R_1} = \frac{U_{o1} - U_n}{R_2}$$

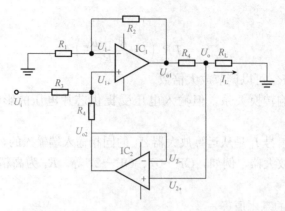

图 5-54 加入电压跟随器的 V/I 变换电路

利用运放的"虚短"概念可知

$$U_n = U_p$$

在实际运用中可使 $R_1 = R_2 = R_3 = R_4 = R$，整理上两式，分别得

$$U_p = \frac{U_i + U_{o2}}{2}$$

$$U_n = \frac{U_{o1}}{2}$$

因此

$$U_i = U_{o2} - U_{o1}$$

再利用运放的"虚断"概念可知：流过负载电阻 R_L 的电流 I_L 与流过 R_e 电阻的电流相等，即

$$I_L = \frac{U_i}{R_e}$$

因此只要保证 R_e 不变，可见负载电流与输入电压 U_i 成正比，就能实现共地输出的 V/I 转换。

缺点：虽然图 5-54 已经实现了共地输出，由于一般运放的输出能力有限，很难满足毫安级别以上的电压电流变换，只适用于微安级别以及微安以下的电压到电流的变换。因此需要对运放进行扩流输出。最简单的办法是利用三极管的电流放大特性进行扩流输出。

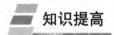 **知识提高**

热释电红外传感器放大电路设计

一、热释电红外传感器应用

存在于自然界的物体，如人体、火焰、冰块等物体都会发射红外线，但波长各不相同。人体温度为 36～37 ℃，所发射的红外线波长为 9～10 μm，属远红外区；400～700 ℃的发热体，所放射出的红外线波长为 3～5 μm，属中红外区。热释电红外传感器不受白天黑夜的影响，可昼夜不停地用于监测，广泛地用于防盗报警。

(1)"有电，危险"安全警示电路，用于有电的场合，当有人进入这些场合时，通过发出语音和声光提醒人们注意安全。

(2)自动门，主要用于银行、宾馆。当有人来到时，大门自动打开，人离开后又自动关闭。

(3)红外线防盗报警器，用于银行、办公楼、家庭等场合的防盗报警。

(4)高速公路车辆车流计数器。

(5)自动开、关的照明灯，人体接近自动开关等。

二、热释电红外传感器工作原理

红外线属于一种电磁射线，其特性等同于无线电或 X 射线。人眼可见的光波波长是 380～780 nm，发射波长为 780 nm～1 mm 的长射线称为红外线。人体温度为 36～37 ℃，即 309～310 K，其辐射的红外波长 $\lambda_m = 2\,989/(309～310) \approx 9.67～9.64\ \mu m$。可见，人体辐射的红外线最强的波长正好在滤光片的响应波长 7.5～14 mm 的中心处，故滤光窗能有效地让人体辐射的红外线通过，而阻止太阳光、灯光等可见光中的红外线通过，免除干扰。所以，热释电红外传感器只对人体和近似人体体温的动物有敏感作用。热释电红外传感器外形图和引线如图 5-55 所示。

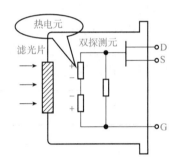

图 5-55　热释电红外传感器外形图和引线
D—接电源正极；G—接电源负极；S—信号输出

三、菲涅尔透镜

热释电红外传感器只有配合菲涅尔透镜使用才能发挥最大作用。不加菲涅尔透镜时，该传感器的探测半径可能不足 2 m，配上菲涅尔透镜则可达 10 m，甚至更远。菲涅尔透镜是用普遍的聚乙烯制成的，安装在传感器的前面。透镜的水平方向上分成三部分，每一部分在竖直方向上又分成若干不同的区域，所以菲涅尔透镜实际是一个透镜组。当光线通过透镜单元后，在其反面则形成明暗相间的可见区和盲区。每个透镜单元只有一个很小的视场角，视场角内为可见区，之外为盲区。而相邻的两个单元透镜的视场既不连续，更不交叠，却都相隔一个盲区。当人体在这一监视范围中运动时，顺次地进入某一单元透镜的视场，又走出这一视场，热释电传感器对运动的人体一会儿能看到，一会儿又看不到，再过一会儿又看到，然后又看不到，于是人体的红外线辐射不断改变热释电体的温度，使它输出一个又一个相应的信号。输出信号的频率为 0.1～10 Hz，这一频率范围由菲涅尔透镜、人体运动速度和热释电人体红外传感器本身的特性决定。

菲涅尔透镜(图 5-56)不仅是形成可见区和盲区，还有聚焦作用。其焦距一般为 5 cm 左右，应用时视不同传感器所配用的透镜也不同，一般把透镜固定在传感器正前方 1～5 cm 处。菲涅尔透镜形成圆弧状，透镜的焦距正好对准传感器敏感元的中心。

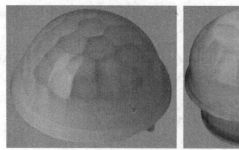

图 5-56 菲涅尔透镜

目前，国内市场上常见的热释电红外传感器有上海尼赛拉公司的 SD02、PH5324 和德国海曼 LHi954、LHi958 以及日本的产品等。

四、专用信号处理电路——BISS0001

BISS0001 是一款具有较高性能的传感信号处理集成电路，它配以热释电红外传感器和少量外接元器件构成被动式的热释电红外开关，可以自动快速开启灯、蜂鸣器、自动门等装置。CMOS 数模混合专用集成电路具有独立的高输入阻抗运算放大器，可与多种传感器匹配，进行信号与处理。双向鉴幅器可有效抑制干扰。内设延迟时间定时器和封锁时间定时器，结构新颖，稳定可靠，调解范围宽。内置参考电压。工作电压范围 2～6 V，采用 16 脚 DIP 和 SOP 封装。内部框图如图 5-57 所示。

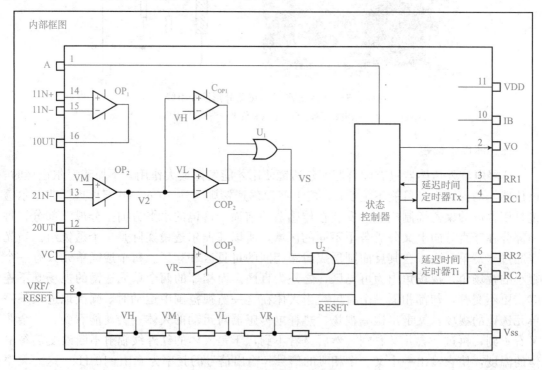

图 5-57 BISS0001 内部框图

五、典型应用电路

典型应用电路如图 5-58 所示。

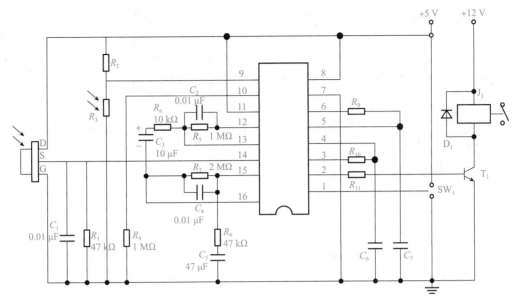

图 5-58　典型应用电路

六、按照原理图，设计制作电路，编制元器件及材料表

根据所设计的电路原理图，编写元器件表，将元器件参数等信息填入元器件及材料表中(参考表 5-6)。

表 5-6　元器件及材料表

序号	元器件标号	元器件名称	规格	型号	封装形式	数量	备注

遵守用电安全和电子产品组装通用工艺要求，焊接制作热释电红外传感器报警电路。制作完成后，自行检查，无误后，经指导教师检查确认，进行通电调试。具体调试步骤参照附录四。记录电路工作测试结果。查找总结设计与制作过程问题，并总结设计与制作的经验。根据实际完成本任务情况，填写任务工单项目五工单 2。

火焰传感器放大电路设计

一、红外火焰探测器 LHI807TC-G3

红外火焰探测器 LHI807TC-G3，能够精确探测红外线的强度。火焰探测器(flame

detector)是探测在物质燃烧时，产生烟雾和放出热量的同时，也产生的可见的或大气中没有的不可见的光辐射。因为明火发出的红外信号最大波长大约为 $4.4\ \mu m$，其他高温物体则约为 $2\ \mu m$，日光仅为 $0.5\ \mu m$，所以可以通过感知探测火焰燃烧的红外线强度实现预警功能，把火焰中特有的波长在 $4.4\ \mu m$ 附近的 CO_2 辐射光谱作为探测信号。

1. 电气配置

一个感测和一个补偿元件被连接到内置 FET 中源极跟随器电路，连接"漏源地"，建议使用 47 kW 的负载电阻。

2. 电子数据

除非特别规定，所有的数据是在 25 ℃和 $V_{DD}=11\ V$ 条件下的数据。

响应：$2.2\ kV/W$；典型值：$3.5\ kV/W$。

响应性光谱范围内测量 $7\sim14\ \mu m$ 的红外光。

响应：典型值 $-0.1\%/K$ 温度系数。

噪声：最大：$50\ \mu Vpp$；典型：$15\ \mu Vpp$。

10 min 的稳定时间之后，噪声以 1 500 s 的持续时间监控。

3. 工作条件

工作电压：$V_{DD}=2\sim12\ V$；电源电压：$V_S=0.2\sim1.5\ V$；漏源电压：$V_{DS}=0.5\ V$(最小)。

4. 测试电路

测试电路如图 5-59 所示。

5. 技术参数

(1)工作温度：$-40\sim85$ ℃，电气参数可能随温度的规定值而变化。

(2)储存温度：$-40\sim85$ ℃，避免在高湿度环境下储存。

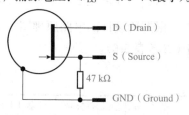

图 5-59　测试电路

6. 处理

将探测器作为静电放电敏感器件处理，防止静电放电。工作区域应导电并接地。操作探测器时，操作者应接地。避免壳体上的机械应力，特别是导线上的应力。小心切割或弯曲时避免损坏。不要弯曲长度小于 5 mm 的导线。不要在地板上扔探测器。避免触摸探测器窗口。为了清洁窗户，只能用棉花和酒精，必要时采用拭子。不要暴露于像氟利昂这样的腐蚀性洗涤剂中，如三氯乙烯等。

7. 焊接条件

对于 PCB 内探测器的焊接，通常应用和推荐工艺是波峰焊。焊接温度不应超过 285 ℃。最大曝光时间 5 s。在自动波峰焊接过程中，强烈建议当探测器直接暴露于这种辐射时，限制预热加热器。在这种情况下，探测器应防止过热。手动焊接也是可能的，应当保持类似的温度分布。回流焊由于工艺的高温特性，焊接是不可能的。

二、参考设计电路

参考设计电路如图 5-60 所示。

三、火焰传感器在实际消防设备中的应用电路

火焰传感器在实际消防设备中的应用电路如图 5-61 所示。

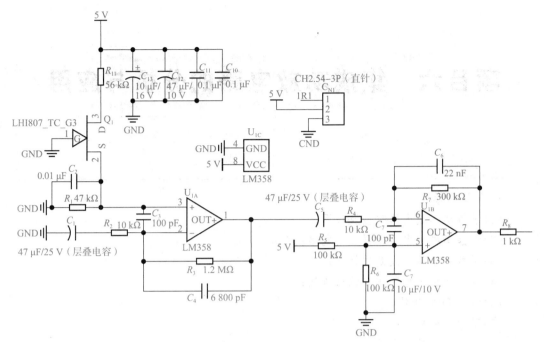

图 5-60　参考设计电路

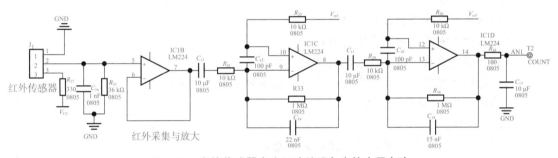

图 5-61　火焰传感器在实际消防设备中的应用电路

四、按照原理图，设计制作电路，编制元器件及材料表

根据所设计的电路原理图，编写元器件表，将元器件参数等信息填入元器件及材料表中(表 5-7)。

表 5-7　元器件及材料表

序号	元器件标号	元器件名称	规格	型号	封装形式	数量	备注

遵守用电安全和电子产品组装通用工艺要求，焊接制作火焰传感器放大电路。制作完成后，自行检查，无误后，经指导教师检查确认，进行通电调试。具体调试步骤参照附录四。记录电路工作测试结果。查找总结设计与制作过程问题，并总结设计与制作的经验。根据实际完成本任务情况。

项目六　集成功放电路的分析与应用

>> 学习目标

1. 知识目标

(1)了解功率放大器类型及应用；

(2)掌握集成功率放大器应用电路的应用；

(3)了解音箱结构及制作常识；

(4)掌握功放电路制作与调试方法；

(5)学会 DIY 音箱；

(6)了解蓝牙技术；

(7)会鉴赏功放、音箱。

2. 能力目标

(1)具备资料查阅和分析能力；

(2)培养专业技术知识自学能力；

(3)能够完成集成功率放大器典型应用电路制作；

(4)能够独立完成集成功率放大器应用电路的分析和测试；

(5)能够完成 DIY 音箱的制作。

3. 素养目标

(1)培养团队合作意识，提高团队配合能力；

(2)培养严谨的工作态度；

(3)能应用集成功放电路完成音响产品设计和制作；

(4)培养综合模拟电路的故障排除和故障分析能力；

(5)培养模拟技术的资料查找与自学能力。

项目导学

中国制造(Made in China 或 Made in PRC)是世界上认知度最高的标签之一，因为快速发展的中国和其庞大的工业制造体系，这个标签可以在广泛的商品上找到，如服装、电子产品等。中国制造是一个全方位的商品，它不仅包括物质成分，而且包括文化成分和人文内涵。

随着我国经济的进一步发展，在国际上的地位不断地攀升，科学核心技术也不断地自我创新。实现中国梦，高校青年学生必须脚踏实地，立足国情，立足自身现实，刻苦学习专业知识，牢固掌握专业基础知识。无论是在学习上还是生活中，都要脚踏实地，一步一个脚印，扎扎实实做事。

本项目主要包括知识储备、知识实践、知识拓展、知识提高四个部分，具体框架如下：

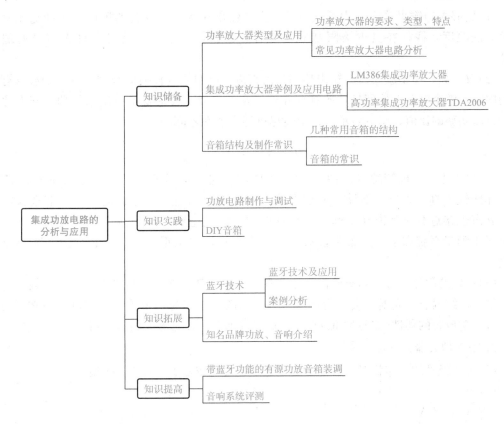

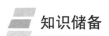 知识储备

单元一　功率放大器类型及应用

一、功率放大器的要求、类型、特点

前面已经介绍了各种放大器，经过这些放大器处理的信号通常还不足以驱动负载正常工作。例如，不足以驱动扩音机的扬声器或自动控制系统中的电动机工作。因此考虑的不仅是输出电压或电流的大小，而是要求要有一定的功率输出。这种以输出功率为主要目的的放大器称为功率放大器。前面所讨论的放大器主要是针对输出电压或电流有相当的放大能力，由于输出功率太小，通常称为电压或电流放大器。但是无论哪种放大器，负载上都同时存在着输出电压、电流和功率。之所以有称呼上的差别，主要是强调功率输出的量要达到能直接驱动负载的程度。

功率放大器既不是单纯追求输出高电压，也不是单纯追求输出大电流，而是追求在电源(直流)电压确定的情况下，输出尽可能大的功率。

1. 功率放大器的要求

(1)足够大的输出功率。为了获得足够大的输出功率，功放管的工作电压和电流要有足够大的幅度，往往在接近极限状态下工作，因此，功率放大器是一种大信号处理放大器。

(2)效率高。功率放大器的输出功率是由直流电源的能量转换而来的。由于功放管有一定的内阻，整个电路，特别是功放管存在着一定的损耗。效率就是有用信号功率与电源提供的直流功率的比值，用 η 表示。这个值尽可能大效率才高。

$$\eta = \frac{P_O}{P_E} \times 100\%$$

(3)失真小。三极管的特性曲线是非线性的，在小信号放大器中，信号的动态范围小，非线性失真可以忽略不计。但功率放大器中输入和输出信号的动态范围都很大，其工作状态也接近截止和饱和，远超出特性曲线的线性范围，故非线性失真愈加显现。特别是对于测量系统和电声设备中，对非线性失真指标要求很高，因此必须设法减小线性失真。

(4)较好的散热条件。功放管由于工作在大电流、高压下，有相当大的功率消耗在管的集电结上，结温和管壳温度会变得很高。因此，散热就成为一个重要的问题。通常，功放管或含有功放管的器件(如各种 IC)都需要通过硅酯贴装在足够大的散热器上。

2. 功率放大器的分类

(1)按三极管的工作状态，可以分为甲类、乙类和甲乙类，如图 6-1 所示。

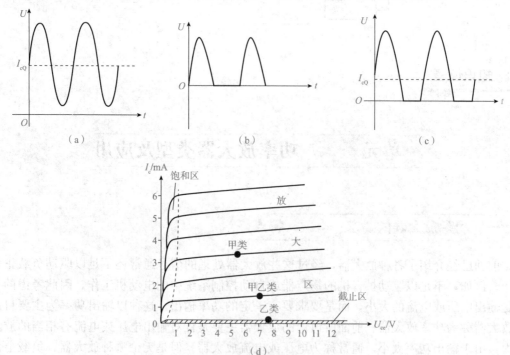

图6-1 功率放大器的分类

(a)甲类；(b)乙类；(c)甲乙类；(d)工作点的位置

（2）按功放管选用的器件类型，可以分为三极管（分立元件）功放、电子管功放（电机）、集成电路功放、混合式功放。

（3）按电路的结构形式，可以分为变压器输出式电路、OTL 电路、OCL 电路和 BTL 电路。

3. 功率放大器的特点

一般来讲，用三极管分立元件制作功放，输出功率较大，价格较高，工作点调整较复杂，音色相对较硬，较适合节奏强烈的"快"音乐，如摇滚音乐；采用集成电路（IC）制作功放，输出功率不大，价格较低，工作点免调试，性能稳定，音质较好；而采用电子管制作的功放，工作点调整较简单，价格昂贵，音色纯厚、柔和、甜美，较适合欣赏乐器音乐或纯音乐，近年来被许多爱好者追捧。

二、常见功率放大器电路分析

1. 变压器输出式电路

（1）电路组成如图 6-2 所示，此电路也称变压器耦合乙类推挽功率放大电路。

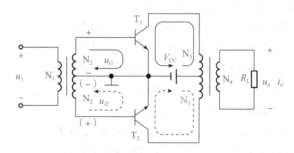

图 6-2　变压器耦合推挽功率放大器

（2）工作原理：在输入信号 U_i 的正半周期时，输入变压器的次级线圈得到上正下负的信号电压 u_{i1} 与 u_{i2}，根据三极管的偏置原理可知，此时三极管 VT_1 正偏导通，VT_2 反偏截止。在 VT_1 集电极回路产生的电流如图中所标的 i_{o1}，根据输出变压器的同名端的关系可知，在 U_i 输出变压器的次级将产生向下的电流 i_o，在负载中得到正半周输出电压 U_o；同理，在负半周时，三极管 VT_2 正偏导通，VT_1 反偏截止，在负载中得到负半周输出电压 U_o。

经三极管 VT_1 和 VT_2 放大的正、负半周信号，在输出变压器的次级线圈上合成一个完整的正弦波形。由于两功放管交替导通，共同完成对信号的放大，所以称为推挽功率放大器。

由于变压器体积大、笨重，成本也高，电子设备正向轻、薄方向发展，上述电路几乎退出历史舞台（早期的扩音机中多用这种电路）。

2. OTL 电路［无输出变压器的功率电路（Output Transformerless）］

OTL 电路用一个大容量电容（电容：几百～几千微法的电解电容器）取代了变压器的功率放大器电路，如图 6-3 所示。

由于目前功率放大器的负载都是采用电动式扬声器，扬声器的阻抗较小（一般为 8 Ω），因此如果不采用变压器进行阻抗变换，只有射极输出器容易和扬声器匹配。如果采用单管射极输出，要放大正、负半周，必须要工作在甲类状态，这样无论是功放管还是扬声器都有很大静态电流，这是不允许的，在组成无输出变压器的乙类推挽输出电路时，要解决"两管交替工作"和"输出波形合成"两个问题，首选射极输出的形式作为功率输出级，为了在乙类工作状态，在基极回路暂不引入偏流，可以利用三极管具有 NPN 和 PNP 两种类型的特点，使 NPN 管负责正半周的功率放大，而 PNP 管负责负半周的功率放大，于是人们也就找到一种互补对称输出电路，它包括 OTL、OCL、BTL 电路。

在输出端放一个大容量电容，利用电容的充放电代替一个电源，同时又隔断通过扬声器的直流电流，就是OTL 电路，如图 6-3 所示。

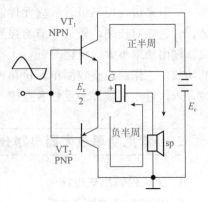

图 6-3　OTL 互补对称电路结构

（1）典型 OTL 电路组成，如图 6-4 所示。

（2）典型 OTL 功放电路中各元件作用。

VT_1——电压放大管，属于共射极放大器，主要起电压放大作用（同时具有倒相作用）。

VT_2、VT_3——互补功放管，其中上管 VT_2 属于 NPN 型管，下管 VT_3 属于 PNP 型管。它们构成射极输出器并共用一个负载（R_L 扬声器），它们交流通路是并联的，而直流通路是串联的（每管分总电压的一半）。

D 和 R_{P_2} 一起组成双偏置电路（D 同时具有温度补偿作用），即由 VT_1 的集电极电流经过它们产生的电压，供给 VT_2 和 VT_3 作为偏置电压。故称为双偏电路。

C_1、C_4——输入、输出耦合电容，具有"通交隔直"的作用。

C_3——射极旁路电容，也起通交隔直的作用，使得射极电阻 R_2 只具直流负反馈作用，而无交流负反馈作用，从而保证 VT_1 有一定的增益。

C_2 和 R_4 一起组成自举电路，以保证在输入信号幅度较大时不出现失真。

R_{P1}和 R_1 构成分压式偏置电路，提供 VT_1 的偏置电压，调节 R_{P1} 可以改变 VT_1 的集电极电流和输出端的静态电压大小，使得它具有合适的静态工作点，同时使输出端的静态电压等于总电源电压的一半。

R_{P2}——双偏置电压的微调电位器，调节 R_{P2} 可以使得 VT_2 和 VT_3 具有合适的静态工作点，以尽可能消除交越失真。

R_3——第一级放大器的集电极负反馈电阻，具有稳定 VT_1（以及 VT_2 和 VT_3）的静态工作点的作用。

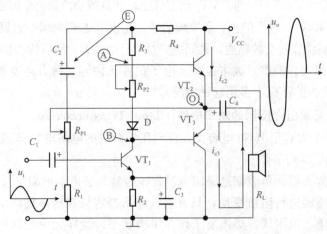

图 6-4　典型 OTL 功放电路

（3）工作原理。

1）输入信号的负半周，u_i 经 C_1 耦合到 VT_1 的输入端，由 VT_1 倒相放大从其集电极输出使 A、B 点的电压上升，根据三极管的偏置原理可知，此时 VT_2 导通，VT_3 截止。VT_2 输出的信号电流（i_{c2}）由电源 V_{CC} 提供，经 VT_2 的 c、e 极，输出电容 C_4，自上而下通过负载 R_L 形成回路（并对 C_4 充电），信号 i_{c2} 在 R_L 两端形成正半周的输出信号，如图 6-5（a）所示。

2）输入信号的正半周，u_i 经 C_1 耦合到 VT_1 的输入端，由 VT_1 倒相放大从其集电极输出使 A、B 点的电压下降，根据三极管的偏置原理可知，此时 VT_3 导通，VT_2 截止。从 VT_3 输出的信号电流（i_{c3}）由输出电容 C_4 提供（将原来的充电变为放电），经 VT_3 的 e、c 极，自下而上通过负载 R_L 形成回路。信号 i_{c3} 在 R_L 两端形成负半周的输出信号，如图 6-5（b）所示。

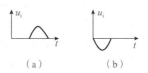

图 6-5　输入负半周和正半周的输出波形
（a）输入负半周；（b）输入正半周

以上放大的两个半周信号，在负载中合成一个完整的正弦波信号。

3）自举升压原理：自举升压电路由 C_4 和 R_4 组成，C_4 称为自举升压电容，其容量较大，相当一个电源；R_4 称为隔离电阻，其阻值很小，直流压降也很小，故 C_4 两端的电压近似等于电源电压的一半。如果没有自举电路，在 VT_2 导通时（输入信号 u_i 的负半周），随着输入电压 u_i 幅度的增大，输出电流 $i_{c2}\uparrow\to U_{CE2}\downarrow\to V_o\uparrow$，但 VT_2 的直流电位不能随 u_i 的增大而持续升高，于是就限制了 i_{c2} 的进一步增大。因此当输入信号幅度进一步增大时，输出信号的顶部将出现削波失真。

加入自举电路后，在 VT_2 导通时（输入信号 u_i 的负半周），随着输入电压 u_i 幅度的增大，电压 $V_A\uparrow\to i_{b2}\uparrow\to i_{c2}\uparrow V_o\uparrow$。

由于 C_2 两端的电压基本不变，故：$V_o\uparrow\to V_E\uparrow\to V_A\uparrow\to i_{b2}\uparrow\to i_{c2}\uparrow$，输出信号的幅度达到最大值，克服了输出信号的顶部失真。

R_4 的作用是隔离 C_4 与电源 V_{CC}，使 C_2 上端的电位 V_A 不被电源钳制，能随 V_o 的升高而同步升高。

（4）静态工作点的调整。

1）调整原理：功放管的直流偏置由 R_{P2}、D 来设定，调节 R_{P2} 使功放管工作在甲乙类工作状态。R_{P2}、D 同时又是第一级放大器的集电极电阻的一部分，当 VT_1 的静态电流 I_{c1} 流过 R_{P2}、D 时，即可在 A、B 两端产生上正下负的直流电压，该电压就是两功放管的静态偏置电压，称为双偏置电压。当两管为硅管时 U_{AB} 应该在 1.4 V 左右；当两管为锗管时应该为 0.6 V 左右。

由于调节 R_{P1} 会改变 VT_1 的集电极电流，而 VT_1 的集电极电流的变化将会改变 R_{P2}、D 两端的电压 U_{AB}，故调节中点电压时，会影响功放管的工作点，而调节双偏置电压也会或多或少地影响中点电压，即中点电压 U_{AB} 和双偏置电压 U_{AB} 的调节有一定的相互牵制。所以，在实际调整中，最好要反复 1～2 次。

2）调整方法：功放管的工作点主要是通过 R_{P2} 调节来实现的。R_{P2} 过小，功放管工作点太低，将出现交越失真；R_{P2} 过大，功放管静态电流过大，将会使功放管温升过高、效率降低，甚至烧坏功放管。

①应该注意：通电调整前，应该将 R_{P2} 调到最小值。

②粗调中点电压：一边调节 R_{P1}，一边测量输出端的电压（两功放管发射极），使 $U_o \approx \dfrac{V_{CC}}{2}$。

③调双偏置电压：一边缓慢地调大 R_{P2}，一边测量 U_{AB}，使 $U_{AB} = 1.4$ V 左右（对硅管）。

④将第②③步反复 1～2 次。

3. OCL 电路[无输出电容的功率放大电路(Output Capacitorless)]

在 OTL 电路中，输出电容并不是单纯地为了耦合信号，还为了实现单电源供电。OTL 电路虽然实现了单电源供电，但由于输出电容的存在影响了放大器的通频带的展宽。因此 OCL 在性能上优于 OTL 电路，在高保真音响中常被广泛采用，如图 6-6 所示。

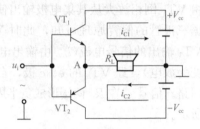

图 6-6　OCL 电路输出级示意图

但是取消输出电容将带来新问题：一是需要采用双电源供电；二是电路损坏时，将有很大的直流电流过扬声器造成损坏。采用 OCL 电路的中高档功放都需增加扬声器保护电路。

单元二　集成功率放大器举例及应用电路

世界上自 1967 年研制成功第一块音频功率放大器集成电路以来，在几十年间，其发展迅猛和应用广泛。目前约 95％以上的音响设备上的音频功率放大器都采用了集成电路。据统计，音频功率放大器集成电路的产品品种已超过 300 种：从输出功率容量来看，已从不到 1 W 的小功率放大器，发展到 10 W 以上的中功率放大器，直到 25 W 的厚膜集成功率放大器；从电路的结构来看，已从单声道的单路输出集成功率放大器发展到双声道立体声的二重双路输出集成功率放大器；从电路的功能来看，已从一般的 OTL 功率放大器集成电路发展到具有过压保护电路、过热保护电路、负载短路保护电路、电源浪涌冲击电压保护电路、静噪声抑制电路、电子滤波电路等功能更强的集成功率放大器。

LM386 集成电路
音频功放电路
电子制作

一、LM386 集成功率放大器

1. LM386 的特点

LM386 的内部电路和引脚排列如图 6-7 所示。它是 8 脚 DIP 封装，消耗的静态电流约为 4 mA，是应用电池供电的理想器件。该集成功率放大器同时还提供电压增益放大，其电压增益通过外部连接的变化可在 20～200 范围内调节。其供电电源电压范围为 4～15 V，在 8 Ω 负载下，最大输出功率为 325 mW，内部没有过载保护电路。功率放大器的输入阻抗为 50 kΩ，频带宽度 300 kHz。

集成成功率
放大器的认知

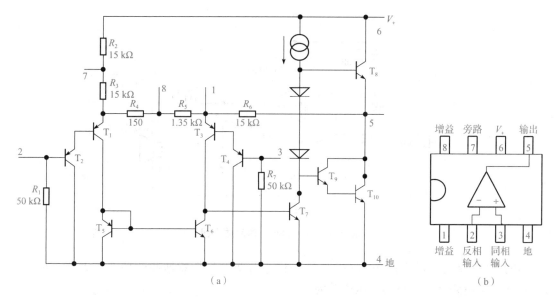

图 6-7 LM386 内部电路及引脚排列图

(a)LM386 内部电路图；(b)LM386 引脚排列图

2. LM386 的典型应用

LM386 使用非常方便，它的电压增益近似等于 2 倍的 1 脚和 5 脚电阻值除以 T_1 和 T_3 发射极间的电阻(图 6-7 中为 $R_4 + R_5$)。所以图 6-8 是由 LM386 组成的最小增益功率放大器，总的电压增益为：$2 \times \dfrac{R_6}{R_5 + R_4} = 2 \times \dfrac{15}{0.15 + 1.35} = 20$。$C_2$ 是交流耦合电容，将功率放大器的输出交流送到负载上，输入信号通过 R_w 接到 LM386 的同相端。C_1 电容是退耦电容，R_1-C_3 网络起到消除高频自激振荡作用。

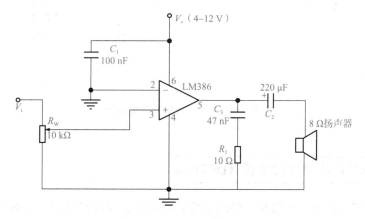

图 6-8 $A_V = 20$ 的功率放大器

若要得到最大增益的功率放大器电路，可采用图 6-9 所示电路。在该电路中，LM386 的 1 脚和 8 脚之间接入一电解电容器，该电路的电压增益将变得最大，则

$$A_V = 2 \times \frac{R_6}{R_4} = 2 \times \frac{15}{0.15} = 200$$

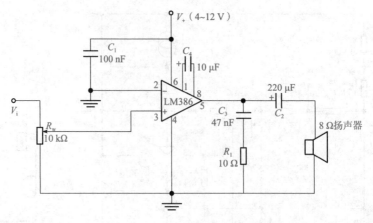

图 6-9　$A_V = 200$ 的功率放大器

电路的其他元件的作用与图 6-8 作用一样。若要得到任意增益的功率放大器，可采用图 6-10 所示电路。该电路的电压增益为

$$A_V = 2 \times \frac{R_6}{R_4 + R_5 // R_2}$$

在给定参数下，该功率放大器的电压增益为 50。

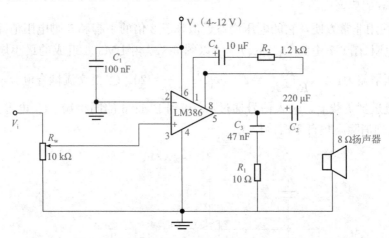

图 6-10　$A_V = 50$ 的功率放大器

二、高功率集成功率放大器 TDA2006

TDA2006 集成功率放大器是一种内部具有短路保护和过热保护功能的大功率音频功率放大器集成电路。它的电路结构紧凑，引出脚仅有 5 只，补偿电容全部在内部，外围元件少，使用方便。不仅在录音机、组合音响等家电设备中采用，而且在自动控制装置中广泛使用。

1. TDA2006 的性能参数

音频功率放大器集成电路 TDA2006 采用 5 脚单边双列直插式封装结构，图 6-11 是其外形和引脚排列图。1 脚是信号输入端子；2 脚是负反馈输入端子；3 脚是整个集成电路的

接地端子，在作双电源使用时，即是负电源（$-V_{CC}$）端子；4 脚是功率放大器的输出端子；5 脚是整个集成电路的正电源（$+V_{CC}$）端子。TDA2006 集成功率放大器的性能参数见表 6-1。

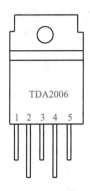

图 6-11　TDA2006 引脚排列图

表 6-1　TDA2006 的性能参数

参数名称	符号	单位	测试条件	规范		
				最小	典型	最大
电源电压	V_{CC}	V		±6 V		±15 V
静态电流	I_{CC}	mA	$V_{CC}=\pm15$ V		40	80
输出功率	P_o	W	$R_L=4\ \Omega$，$f=1$ kHz，$THD=10\%$		12	
			$R_L=8\ \Omega$，$f=1$ kHz，$THD=10\%$	6	8	
总谐波失真率	THD	%	$P_0=8$ W，$R_L=4\ \Omega$，$f=1$ kHz		0.2	
频率响应	BW	Hz	$P_o=8$ W，$R_L=4\ \Omega$	40～140 000		
输入阻抗	R_i	MΩ	$f=1$ kHz	0.5	5	
电压增益（开环）	A_V	dB	$f=1$ kHz		75	
电压增益（闭环）	A_V	dB	$f=1$ kHz	29.5	30	30.5
输入噪声电压	e_N	μV	$BW=22$ Hz～22 kHz，$R_L=4\ \Omega$		3	

2. TDA2006 音频集成功率放大器的典型应用

图 6-12 电路是 TDA2006 集成电路组成的双电源供电的音频功率放大器，该电路应用于具有正、负双电源供电的音响设备。音频信号经输入耦合电容 C_1 送到 TDA2006 的同相输入端（1 脚），功率放大后的音频信号由 TDA2006 的 4 脚输出。由于采用了正、负对称的双电源供电，故输出端子（4 脚）的电位等于零，因此电路中省掉了大容量的输出电容。电阻 R_1、R_2 和电容器 C_2 构成负反馈网络，其闭环电压增益为

$$A_{Vf}\approx1+\frac{R_1}{R_2}=1+\frac{22}{0.68}\approx33.4$$

电阻 R_4 和电容器 C_5 是校正网络，用来改善音响效果。两只二极管是 TDA2006 内大功率输出管的外接保护二极管。

在中、小型收、录音机等音响设备中的电源设置往往仅有一组电源，这时可采用图 6-13 所示的 TDA2006 工作在单电源下的典型应用电路。音频信号经输入耦合电容 C_1 输入 TDA2006 的输入端，功率放大后的音频信号经输出电容 C_5 送到负载 R_L 扬声器。电阻 R_1、

R_2 和电容 C_2 构成负反馈网络，其电路的闭环电压放大倍数为

$$A_{Vf} \approx 1 + R_1/R_2 = 1 + 150/4.7 = 32.9$$

电阻 R_6 和电容 C_6 同样是用以改善音响效果的校正网络。电阻 R_4、R_5、R_3 和电容 C_7 用来为 TDA2006 设置合适的静态工作点，使 1 脚在静态时获得电位近似为 $1/2V_{CC}$。

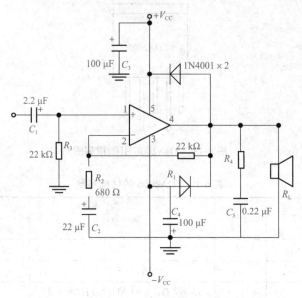

图 6-12　TDA2006 正、负电源供电的功率放大器

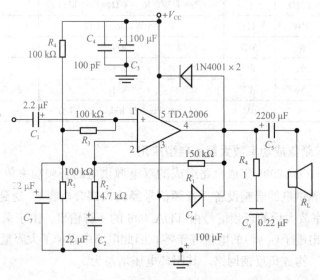

图 6-13　TDA2006 组成的单电源供电的功率放大器

在大型收、录音机等音响设备中，为了得到更大的输出功率，往往采用一对功率放大器组成的桥式结构的功率放大器(即 BTL)。图 6-14 就是由两块 TDA2006 组成的桥式功率放大器，该放大器的最大输出功率可达 24 W。首先，音频信号经输入耦合电容 C_1 加到第一块集成电路 TDA2006 的同相输入端(1 脚)，功率放大后的音频信号由 IC_1 的 4 脚直接送到负载 R_L 扬声器的一端，同时，该输出音频信号又经电阻 R_5、R_6 分压，由耦合电容 C_3 送

到第二块集成 TDA2006 的反相端(IC$_2$ 的 2 脚)。经 IC$_2$ 放大后反相音频输出信号连接到负载 R$_L$ 扬声器的另一端,由于 IC$_1$、IC$_2$ 具有相同的闭环电压放大倍数,而电阻 R$_5$、R$_6$ 的分压衰减比又恰好等于 IC$_2$ 的闭环电压放大倍数的倒数。所以 IC$_1$ 的输出与 IC$_2$ 的输出加到负载 R$_L$ 扬声器两端的音频信号大小相等、相位相反,从而实现了桥式功率放大器的功能,在负载两端得到两倍的 TDA2006 输出功率大小。

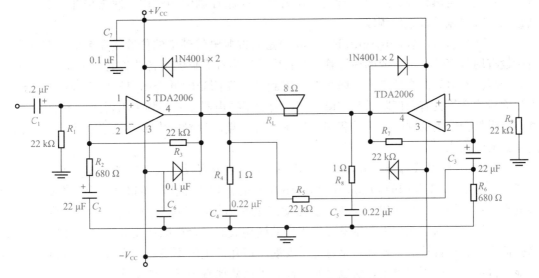

图 6-14　TDA2006 组成的 BTL 功率放大器

单元三　音箱结构及制作常识

一、几种常用音箱的结构

(1)密闭式音箱(Closed Enclosure)是结构最简单的扬声器系统,1923 年由 Frederick 提出,由扬声器单元装在一个全密封箱体内构成。它能将扬声器的前向辐射声波和后向辐射声波完全隔离,但由于密闭式箱体的存在,增加了扬声器运动质量产生共振的刚性,使扬声器的最低共振频率上升。密闭式音箱的声音还原佳,且低音分析力好,使用普通硬折环扬声器时,为了得到满意的低音重放,需要采用容积大的大型箱体,新式的密闭式音箱大多选用 Q 值适当的高顺性扬声器。利用封闭在箱体中的压缩空气质量的弹性作用,尽管扬声器装在较小的箱体中,锥盆后面的气垫会对锥盆施加反动力,所以这种小型密闭式音箱也称气垫式音箱。

(2)低音反射式音箱(Bass-Reflex Enclosure)也称倒相式音箱(Acoustical Phase Inverter),1930 年由 Thuras 发明。在它的负载中有一个出声口,开孔在箱体一个面板上,开孔位置和形状有多种,但大多数在孔内还装有声导管。箱体的内容积和声导管孔的关系,根据磁共振原理,在某特定频率产生共振,称反共振频率。扬声器后向辐射的声波经导管倒相后，由出声口辐射到前方，与扬声器前向辐射声波进行同相叠加，它能提供比密闭式更宽的带宽，具有更高的灵敏度、较小的失真。理想状态上，低频重放频率的下限可比扬声器共振频低 20%。这种音箱用较小箱体就能重放出丰富的低音，是应用最为广泛的类型。

(3)声阻式音箱(Acoustic Resistance Enclosure)实质上是一种倒相式音箱的变形，它以吸声材料或结构填充在出声口导管内，作为半密闭箱控制倒相作用，使之缓冲，以降低反共振频率来展宽低音重放频段。

(4)传输线式音箱(Labyrinth Enclosure)是以古典电气理论的传输线命名的，在扬声器背后设有用吸声性壁板做成的声导管，其长度是所需提升低频声音波长的 1/4 或 1/8。理论上它衰减由锥盆后面来的声波，防止其反射到开口端而影响低音扬声器的声辐射，但实际上传输线式音箱具有轻度阻尼和调谐作用，增加了扬声器在共振频率附近或以下的声输出，并在增强低音输出的同时减小冲程量。通常这种音箱的声导管大多叠成迷宫状，所以也称迷宫式或曲径式。

(5)无源式辐射式音箱(Drone Cone Enclosure)是低音反射式音箱的分支，又称空纸盆式音箱，是 1954 年美国的 Olson 和 Preston 发明的，它的开孔出声口由一个没有磁路和音圈的空纸盆(无源锥盆)取代，无源锥盆振动产生的辐射与扬声器向前辐射声处于同相工作状态，利用箱体内空气和无源锥盆支撑组件共同构成的复合声顺和无源锥盆质量形成谐振，增强低音。这种音箱的主要优点是避免了反射出声孔产生的不稳定的声音，即使容积不大，也能获得良好的声辐射效果，所以灵敏度高，可有效地减小扬声器工作幅度，驻波影响小，声音通透。

(6)耦合腔式音箱(Coupled Cavity Enclosure)是介于密闭式和低音反射式之间的一种箱体结构，1953 年由美国的 Henry Lang 发明，它由锥盆一边所驱动的出声孔输出，锥盆另一边则与一闭箱耦合。这种音箱的优点为低频时扬声器所推动的空气量大大增加，由于耦合腔是个调谐系统，在锥盆运动受限制时，出声口输出不超过单独锥盆的声输出，展阔了低频重放范围，所以失真减小，承受功率增大。1969 年日本日立的河岛幸彦发明的 ASW(Acoustic Super Woofer)音箱就是一种耦合腔式音箱，适用于小口径长冲程扬声器不失真重放低音。

(7)号筒式音箱(Horn Type Enclosure)对家用型来讲，多采用折叠号筒(Folded Horn)形式，它的号筒喇叭口在口部与较大空气负载耦合，驱动端直径很小，这种音箱的背面是全密封，箱腔内的压力多在扬声器锥盆的背面上。为使锥盆前后压力保持平衡，倒相号筒装置于扬声器前面。折叠号筒音箱是倒相式音箱的派生，其声响效果优于密闭式音箱的一般低音反射式音箱。

二、音箱的常识

1. 物理模型

音箱的物理模型是在一块无限大的刚性障板上开一个孔，安装扬声器，这样就能保证扬声器正面和反面的声音信号不会形成回路，造成音波回路。但在实际使用中，音箱是不可能做成无限大的，因此，人们在扬声器后面用障板形成一个密闭的空间，保证音波的正面传输。随之而来的问题：音箱密闭后由于大气压的问题，音箱的箱体是越大越有利于低频声音还原，所以，一般音箱的容积是根据中低音单元的扬声器尺寸计算出来一个折中的数据。可很多环境还是不允许有太大的箱体，人们为了进一步缩小体积，又根据声波的特点及加强低频声波重放的要求设计了箱内障板、倒相管、共振腔等，主要是为了在低频频段对一定波长的声音信号进行增强，并进一步减少大气压力对声音还原的影响。

扬声器在音响设备中是一个最薄弱的器件，而对于音响效果而言，它又是一个最重要的部件。扬声器有多种分类方式：按其换能方式可分为电动式、电磁式、压电式、数字式等多种；按振膜结构可分为单纸盆、复合纸盆、复合号筒、同轴等多种；按振膜开头可分为锥盆式、球顶式、平板式、带式等多种；按重放频可分为高频、中频、低频、超低频和全频带扬声器；按磁路形式可分为外磁式、内磁式、双磁路式和屏蔽式等多种；按磁路性质可分为铁氧体磁体、钕硼磁体、铝镍钴磁体扬声器；按振膜材料可分纸盆和非纸盆扬声器等。

(1)电动式扬声器应用最广，它利用音圈与恒定磁场之间的相互作用力使振膜振动而发声。电动式的低音扬声器以锥盆式居多，中音扬声器多为锥盆式或球顶式，高音扬声器则以球顶式和带式、号筒式居多。

(2)锥盆式扬声器的结构简单，能量转换效率较高。它使用的振膜材料以纸浆材料为主，或掺入羊毛、蚕丝、碳纤维等材料，以增加其刚性、内阻尼及防水等性能。新一代电动式锥盆扬声器使用了非纸质振膜材料，如聚丙烯、云母碳化聚丙烯、碳纤维纺织、防弹布、硬质铝箔、CD波纹、玻璃纤维等复合材料，性能进一步提高。

(3)球顶式扬声器有软球顶和硬球顶之分。软球顶扬声器的振膜采用蚕丝、丝绢、浸渍酚醛树脂的棉布、化纤及复合材料，其特点是重放音质柔美；硬球顶扬声器的振膜采用铝合金、钛合金及铍合金等材料，其特点是重放音质佳。

(4)号筒式扬声器的辐射方式与锥盆式扬声器不同，这是在振膜振动后，声音经过号筒再扩散出去。其特点是电声转换及辐射效率较高、距离远、失真小，但重放频带及指向性较窄。

(5)带式扬声器的音圈直接制作在整个振膜(铝合金聚酰亚胺薄膜等)上，音圈与振膜间直接耦合。音圈生产的交变磁场与恒磁场相互作用，使带式振膜振动而辐射出声波。其特点是响应速度快、失真小，重放音质细腻、层次感好。

音箱之所以存在箱体的目的是防止扬声器振膜正面和反面的声波信号直接形成回路，仅有波长很小的高频和中频声音可以传播出来，而其他的声音信号被叠加抵消掉了。

箱体用来消除扬声器单元的声短路，抑制其声共振，拓宽其频响范围，减少失真。音箱的箱体外形结构有书架式和落地式之分，还有立式和卧式之分。落地音箱属大型音箱，箱体高度在 750 mm 以上，书架音箱的箱体高度在 750 mm 以下，450～750 mm 之间的为中型书架音箱，450 mm 以下的为小型书架音箱。

箱体内部结构又有密闭式、倒相式、带通式、空纸盆式、迷宫式、对称驱动式和号筒式等多种形式，使用最多的是密闭式、倒相式和带通式。家庭影院系统的前置主音箱为立式音箱，有书架式，也有落地式，这要根据视听室面积大小、功放功率大小及个人爱好而定。通常，对于视听室在 15 m² 以下的，宜选用中型书架音箱；低于 10 m² 的应选用小型书架箱；大于 15 m² 的房间，可选用中型书架音箱或落地箱。前置主音箱、中置音箱和环绕音箱均以倒相式设计居多，其次是密闭式和 1/4 波长加载式、迷宫式等；超重低音音箱以带通式和双腔双开口式居多，其次是倒相式、密闭式。

2. 音箱的类别

(1)按使用场合可分为专业音箱与家用音箱两大类。家用音箱一般用于家庭放音，其特点是音质细腻柔和，外形较为精致、美观，放音声压级不太高，承受的功率相对较低。专业音箱一般用于歌舞厅、卡拉 OK、影剧院、会堂和体育场馆等专业文娱场所。一般专业音箱的灵敏度较高、放音声压高、力度强、承受功率大，与家用音箱相比，其音质偏硬，外形也不甚精致。但在专业音箱中的监听音箱，其性能与家用音箱较为接近，外形一般也比较精致、小巧，所以这类监听音箱也常被家用 Hi-Fi 音响系统所采用。

（2）按放音频率可分为全频带音箱、低音音箱和超低音音箱。所谓全频带音箱，是指能覆盖低频、中频和高频范围放音的音箱。全频带音箱的下限频率一般为 30～60 Hz，上限频率为 15～20 kHz。在一般中小型的音响系统中只用一对或两对全频带音箱即可完全担负放音任务。低音音箱和超低音音箱一般是用来补充全频带音箱的低频和超低频放音的专用音箱。这类音箱一般用在大、中型音响系统中，用以加强低频放音的力度和震撼感。使用时，大多经过一个电子分频器（分音器）分频后，将低频信号送入一个专门的低音功放，再推动低音或超低音音箱。

（3）按用途可分为主放音音箱、监听音箱和返听音箱。主放音音箱一般用作音响系统的主力音箱，承担主要放音任务。主放音音箱的性能对整个音响系统的放音质量影响很大，也可以选用全频带音箱加超低音音箱进行组合放音。监听音箱用于控制室、录音室作节目监听使用，它具有失真小、频响宽而平直、对信号很少修饰等特性，因此最能真实地重现节目的原来面貌。返听音箱又称舞台监听音箱，一般用在舞台或歌舞厅供演员或乐队成员监听自己演唱或演奏声音。这是因为他们位于舞台上主放音音箱的后面，不能听清楚自己的声音或乐队的演奏声，若不能很好地配合或找不准音调，会严重影响演出效果。一般返听音箱做成斜面形，放在地上，这样既可放在舞台上不致影响舞台的总体造型，又可在放音时让舞台上的人听清楚，还不致将声音反馈到传声器而造成啸叫声。

（4）按箱体结构可分为密封式音箱、倒相式音箱、迷宫式音箱、声波管式音箱和多腔谐振式音箱等。其中在专业音箱中用得最多的是倒相式音箱，其特点是频响宽、效率高、声压大，符合专业音响系统音箱形式，但因其效率较低，故在专业音箱中较少应用，主要用于家用音箱，只有少数的监听音箱采用封闭箱结构。密封式音箱具有设计制作的调试简单，频响较宽、低频瞬态特性好等优点，但对扬声器单元的要求较高。在各种音箱中，倒相式音箱和密封式音箱占大多数比例，其他形式音箱的结构形式繁多，但所占比例很少。

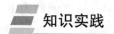

知识实践

功放电路制作与调试

集成电路简称 IC（Integrated Circuit），它是 20 世纪 60 年代发展起来的一种半导体器件，它是在半导体制造工艺的基础上，将各种元件和连线等集成在一片硅片上而制成的，因此密度高、引线短、外部接线大大减少，从而提高了电子设备的可靠性和灵活性，同时降低了成本，为电子技术开辟了一个新的时代。

一、教学目标

1. 知识目标

(1)熟悉集成功率放大器的优点和应用，会识别 IC 脚位；

(2)能看懂各种集成功放电路原理图，能识读电路图，说出放大器的类别、特性和工作原理；

(3)懂得功放 IC 组装的排板、散热器的安装要求。

2. 技能目标

(1)会应用集成 IC 组装成 OTL 或 OCL 放大器；

(2)会检测和调试电路；

(3)会使用常用仪器对电路进行测试。

二、操作步骤

(1)学习集成功率放大器基本知识；

(2)根据电路图，查阅有关资料，选择购买元器件；

(3)组装电路；

(4)检查和调试电路；

(5)用仪表测试电路；

(6)填写测试报告。

三、制作要求

2~3 人一组，协作完成任务。

四、制作集成功率放大器

1. 集成功放电路图

集成功放电路图如图 6-15 所示。

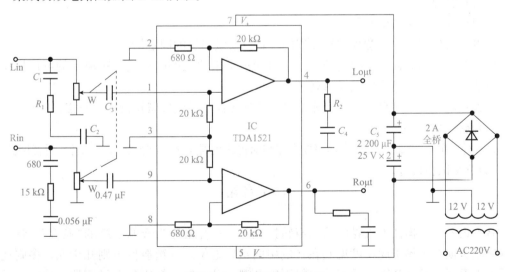

图 6-15　集成功放电路图

2. 元件清单

元件清单见表 6-2。

表 6-2 元件清单

元件代号或名称	元件参数或型号	数量	元件代号或名称	元件参数或型号	数量	备注
功放 IC	TDA1521	1	电阻器	10 Ω/1 W	2	
变压器	12 V×2/220 V, 30 W	1	电阻器	15 kΩ	2	未标出功率的电阻一律为 1/4W;
全桥	2 A/50 V	1	电容器	0.01 μF	2	电位器最好购买双联电位器
电位器	100 kΩ/1 W	2	电容器	0.056 μF	2	
			电解电容	2 200 μF/25 V	2	

3. 实施步骤

(1)检测元件。

1)检测电阻器:用万用表检测电阻器和电位器。

2)检测电解电容:用万用表×100 Ω检测,记下指针偏转位置。

3)电位器:测量时,选用万用表电阻挡的适当量程,将两表笔分别接在电位器两个固定引脚焊片之间,先测量电位器的总阻值是否与标称阻值相同。若测得的阻值为无穷大或较标称阻值大,则说明该电位器已开路或变值损坏。

然后再将两表笔分别接电位器中心头与两个固定端中的任一端,慢慢转动电位器手柄,使其从一个极端位置旋转至另一个极端位置,正常的电位器,万用表表针指示的电阻值应从标称阻值(或 0 Ω)连续变化至 0 Ω(或标称阻值)。整个旋转过程中,表针应平稳变化,而不应有任何跳动现象。若在调节电阻值的过程中,表针有跳动现象,则说明该电位器存在接触不良的故障。

(2)组装电路。

1)根据电路图挑选出元器件。

2)设计元件布局:注意预留散热器的位置以及散热器的固定措施。

3)两个焊点间的连线,距离长一些的可用剪下来的元件脚连接,距离短的可用拖拉焊锡的方法连接,可视具体情况灵活处理。

4)检查电路:采用自检与互检相结合,确保无误后通电准备调静态工作点。

(3)测整机静态电流。

(4)整体调试。将制作的集成功率放大器与前置放大器连接,进行放音、调音、听音试验。

(5)总结试验报告。

DIY 音箱

音响设备中,担任人机界面的电声转换设备——音箱称为音响系统的"喉舌",音响源的最终重新演绎全赖于此,可见其在音响中的重要地位。音箱造价少则几十元,多则耗资几千、上万元,甚至几十万元不等,但不管是哪一种音箱,都应包含扬声器、分频器及箱体等部分。作为初学者来说,重点是认识这些器件,并在条件允许的情况下,能动手制作出简单的音箱。

一、教学目标

1. 知识目标

(1)学习扬声器的种类及其工作原理；

(2)理解分频器的含义、工作原理及其在音箱中的作用；

(3)学习音箱制作的程序。

2. 技能目标

(1)能识别、检测及选用扬声器；

(2)会制作音箱分频器；

(3)会制作简单的双声道音箱。

3. 知识与能力拓展

通过查阅资料，深刻理解高品质音箱在音响系统的作用。

焊接制作基本常识

二、操作步骤

(1)扬声器的选用；

(2)分频器的制作；

(3)音箱制作。

三、扬声器知识介绍

扬声器是各种音响设备的终端，是音响设备中不可缺少的器件，主要任务是将经过处理后的音频信号电流还原成声音。图 6-16 为扬声器的实物图、结构图及电路符号。

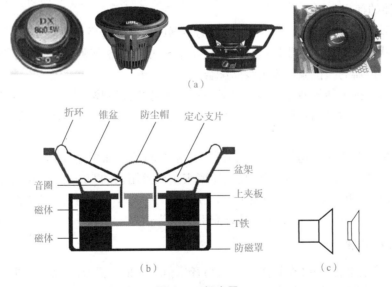

图 6-16　扬声器

(a)扬声器实物图；(b)结构图；(c)电路符号

1. 扬声器的种类

按其换能原理可分为电动式(即动圈式)、静电式(即电容式)、电磁式(即舌簧式)、压电式(即晶体式)等，按频率范围可分为全频带扬声器、低音扬声器、中音扬声器、高音扬声器等。电动式扬声器应用最广泛，又分为纸盆式、号筒式和球顶式三种。

2. 电动纸盆式扬声器的结构

如图 6-16(b)所示，它由三部分组成：

扬声器常识

(1)振动系统。包括锥盆、折环、音圈和定心支片等。

(2)磁路系统。包括永久磁体、夹板和 T 铁等。

(3)辅助系统。包括盆架、接线板、折环和防尘帽等。

3. 电动纸盆式扬声器的工作原理

当音频电流流入音圈时，音圈中产生随音频电流而变化的磁场，这一磁场的方向与永久磁体的磁场方向垂直，因而音圈受到磁场力的作用而发生上下位移，带动锥盆一起移动，由锥盆的振动而产生声音。

4. 扬声器的主要性能指标

扬声器的主要性能指标有灵敏度、频率响应、额定功率、额定阻抗、指向性以及失真度等，这里重点介绍其额定功率与额定阻抗。

(1)额定功率。扬声器的功率有标称功率和最大功率之分。标称功率称额定功率、不失真功率。它是指扬声器在额定不失真范围内容许的最大输入功率，在扬声器的商标、技术说明书上标注的功率即额定功率。最大功率是指扬声器在某一瞬间所能承受的峰值功率，为保证扬声器工作的可靠性，一般扬声器的最大功率为标称功率的2～3倍。

(2)额定阻抗。扬声器的阻抗一般和频率有关。额定阻抗是指音频为 400 Hz 时，从扬声器输入端测得的阻抗。它一般是音圈直流电阻的1.2～1.5倍。动圈式扬声器常见的阻抗有 4 Ω、8 Ω、16 Ω、32 Ω 等。

5. 扬声器的使用

根据使用场合对声音的要求，结合各种扬声器的特点来选择扬声器。

(1)扬声器得到的功率不要超过它的额定功率，否则，将烧毁音圈或将音圈震散。

(2)注意扬声器的阻抗应与输出线路配合。

(3)正确选择扬声器的型号，如在广场使用，应选用高音扬声器；在室内使用，应选用纸盆式扬声器，并选好助音箱，也可将高、低音扬声器做成扬声器组，以扩展频率响应范围。

(4)两个扬声器放在一起使用时，必须注意相位问题。如果是反相，声音将显著削弱。测定扬声器相位的最简单方法是利用高灵敏度表头或万用表的50～250 μA电流挡，把表笔与扬声器的接线头相连接，双手扶住纸盆，用力推动一下，若指针的摆动方向相同，则表示相位相同，此时可把与正表笔相连的音圈引脚作为信号"＋"极。

四、制作分频器

一般的音箱上都有2～3个扬声器，因为音乐信号从低音到高音包含有非常宽广的频率范围，一个全频带扬声器的放音频率范围满足不了高品质听音效果的需要。因此，将音频信号进行频率范围分割后分别送入不同的扬声器，以实现听音需求。分频器的任务就是对音频信号进行频率范围分割，二分频音箱就需要高、低音两个扬声器单元，而三分频则需要高、中、低音三个扬声器单元。分频器在音箱中占有很重要的地位，要保证高、低音信号准确无误地传输到各自单元而不产生干扰、失真、交调。分频器的构成如图 6-17 所示。

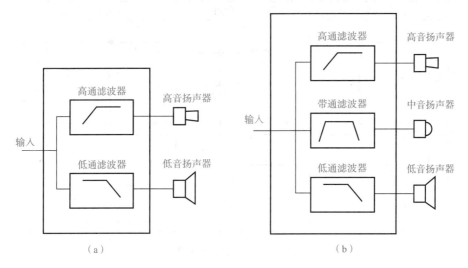

图 6-17　二、三分频音箱的构成

(a)二分项；(b)三分项

1. 分频器的类型

常见的分频器有功率分频器与电子分频器两种。

(1)功率分频器。功率分频器位于功率放大器之后，设置在音箱内，通过 LC 滤波网络，将功率放大器输出的功率音频信号分为低音、中音和高音，分别送至各自的扬声器。连接简单、使用方便，但消耗功率，重放质量与扬声器的特性参数有很大关系，因此误差也较大，不利于调整，业余条件下一般采用此种分频方式。

(2)电子分频器。电子分频器将音频弱信号进行分频的设备，位于功率放大器前，分频后再用各自独立的功率放大器，把每一个音频频段信号给予放大，然后分别送到相应的扬声器单元。因电流较小，故可用较小功率的电子有源滤波器实现。调整较容易，功率损耗少，扬声器单元之间的干扰也小，使信号损失小、音质好。但此方式每路信号要用独立的功率放大器，成本高、电路结构复杂，适用于专业扩声系统。

2. 分频器电路

由图 6-17 可知，分频器电路是由几节滤波器组成的。

(1)常用滤波器电路。如图 6-18 所示，L、C 元件以不同的组合形式出现，将对信号产生不同的滤波作用。主要是利用了电感元件"通低阻高"的特性和电容元件"通高阻低"的特性来实现的。元件取值决定了其频率特性转折点的位置。

(2)实用分频器电路。如图 6-19 所示，由 C_1、C_2 及 L_1 构成高通滤波器，C_3、C_4 及 L_2 构成低通滤波器，R_1 及 R_2、C_5 为高、低音单元的衰减网络，以使高、低音信号在重放时能达到平衡的目的。

3. 制作分频器

(1)准备工作。按原理图准备好元器件及电路板，因分频器电路是整机电路的最后一级，其电路的性能直接影响到听音效果，所以电路中各元器件及信号线要求尽量采用精品元件，建议到专门的音响器材店购买。常用的元件如图 6-20 所示。

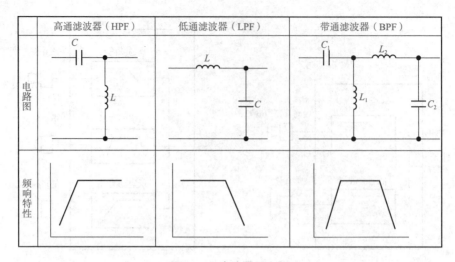

图 6-18　滤波器原理图

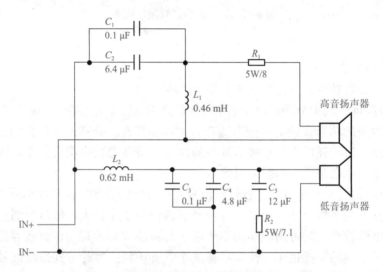

图 6-19　实用的二分频电路

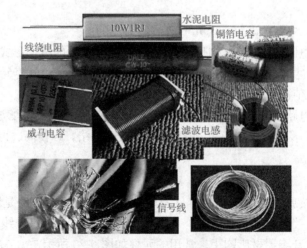

图 6-20　常用分频器元器件

（2）安装及焊接。在检查各元器件无损坏后，按照电路图将元器件安插在相应位置并焊牢。焊接时应注意，高、低分频器应尽量分两块电路板安装。安装完成的电路板如图6-21所示。

（3）电路调试。分频器的效果与电路元器件、分频点的选择及扬声器的特性参数等因素都有关系，若业余条件下没有专业测试设备，只能在整机组装完成后凭听觉进行调试。

图6-21　成品分频器

五、音箱的制作

音箱的主要作用是消除声短路，提高低音声压和均匀度，从而改善扬声器低频段的声特性。

1. 音箱的类别

按音箱的结构分为有限大障板型、背面敞开型、封闭型、倒相型、空纸盆型、对称驱动型等，常用的有封闭音箱和倒相音箱两种，其结构示意如图6-22所示。

2. 音箱材料

（1）优质木材。如红木、花梨木、桃木、檀木等名贵硬木，最好是无接缝的整板，为音箱制作的顶级材料，常用于极品音箱中。次之为花柳木、枣木、梓木等，干燥处理后方可应用。

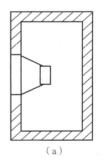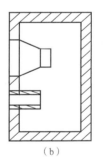

图6-22　常用音箱

(a)封闭音箱；(b)倒相音箱

（2）中密度纤维板。此类板材采用最多、成本低、材料易购、加工方便。但强度较差、材质细碎松软、刚性差，常用于低档音箱。

（3）中密度刨花板。也称压模板，强度较高、成本低，常用于中低档音箱。

（4）高密度纤维板、刨花板以及胶合板。强度很高、隔声性能好、材料较易找，是业余制作优质音箱的首选材料。只是成本稍高，需要专用工具加工。

（5）无机物。如混凝土浇铸成形，或用石质板料(大理石、混凝土板、花岗岩石板、石膏板等)以特殊工艺成形，再或用厚重的大陶罐作箱体。具有音染小、声场稳定等优点，常为爱好者所采用。

（6）工程塑料、聚丙烯、增强改性环氧树脂、厚有机玻璃板等。利用现代先进材料技术制成，许多欧美专业音箱厂商均用此技术制作高档、高质音箱，业余条件下难以实现。

（7）金属材料。主要用于专业音箱和特殊场合，如舞台音箱、移动音箱、体育用全天候音箱、军事用全天候移动式音箱等。

3. 音箱的制作方法

（1）板材结合。此为绝大多数音箱包括一些极品音箱所采用的方法。工艺成熟、简便，适于工厂化生产。

（2）浇铸成形。此法常适用于混凝土音箱。

（3）掏腔法。

1）顶级音箱，将整块名贵硬木或结实石料掏出空腔，作为箱体。

2）大地音箱，即将地上掏空，做好干燥防潮处理，再装上面板及喇叭单元。成本低，音质亦很好，做超低音重放恰到好处，但不能移动。

4. 音箱的制作步骤

音箱的种类较多，用途也不尽相同，本书以制作一个二分频封闭音箱为例进行说明。

（1）确定制作方案。

1）本音箱用 10 cm 低音扬声器和球顶式高音扬声器构成的二分频扬声器系统。

2）音箱形式为超小型封闭式。

3）分频网络和衰减器外购。

4）音箱装饰采用涂饰和贴木纹、贴面两种方式。

（2）选择扬声器。低音扬声器选用 4L-60 型；高音扬声器选用 FT39D 型。

（3）选择分频网络和衰减器。经过查找资料，到音响器材专店选用配套的分频网络和衰减器。

（4）确定音箱尺寸。根据扬声器的特性参数，并查阅相关资料，再考虑开箱体板材的厚度（18 mm），最终确定本音箱的尺寸为：外高 = 26.3 cm，外宽 = 17.0 cm，外厚 = 13.9 cm。

（5）画出音箱设计图，如图 6-23 所示。

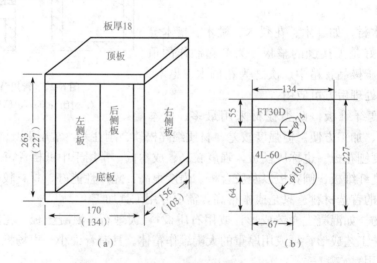

图 6-23 音箱设计图
（a）箱体尺寸（mm）；（b）前面板尺寸（mm）

(6)准备工具和材料。

所需工具：锯、电钻、刨子、木工锉刀、螺钉旋具、锤子、角尺、刻度尺等。

所需材料：扬声器、分频板、信号线、接线柱、三合板（900 mm×900 mm）、吸声棉、木纹贴面、胶粘剂、木工油泥、钉子等。

(7)画图并下料。在三合板上按箱体尺寸画好下料图，并用锯分割、用电钻钻扬声器孔和分频板接线孔。注意在画下料图时，可同时画好两只音箱的下料图，以避免浪费。

(8)组装。遵循底板→后侧板→顶板→左右侧板→分频板→吸声材料→前侧板→接线柱→贴面纸→扬声器的顺序，以提高工作效率。

5. 制作工艺要求

"加固消振，避免音染"为制作工艺的八字方针。

(1)广泛合理使用加强筋，用于音箱中的薄弱环节。箱体内各个面的结合角，用足量的胶，粘上粗壮的硬三角木或方木棒，再加木螺钉紧固。但应避免对称地安装加强筋，以免引起共振。

(2)箱内添加适量吸声材料。如超细玻璃棉、矿渣棉、纤维喷胶棉、真空棉、泡沫海绵、棉絮、棉纸等，吸收声能，减轻箱振。

(3)扬声器单元的固定。宜采用由外向里的固定方法，减小前腔效应。安装孔最好作沉孔处理，避免盆架凸出，造成绕射。盆架、箱体间以 5～10 mm 橡胶垫密封隔离，以免声短路，并避免盆架振动传至面板辐射，干扰直接辐射声。

(4)完工后的音箱应加支撑。与地面隔开，避免声音虚胖、音场不稳、透明度差。

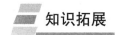
知识拓展

蓝牙技术

有源音箱的制作

一、蓝牙技术及应用

1. 蓝牙技术概述

蓝牙是一种支持设备短距离通信（一般 10 m 内）的无线电技术，能在包括移动电话、PDA、无线耳机、笔记本电脑、相关外设等众多设备之间进行无线信息交换。利用蓝牙技术，能够有效地简化移动通信终端设备之间的通信，也能够成功地简化设备与 Internet 之间的通信，从而使数据传输变得更加迅速、高效，为无线通信拓宽道路。蓝牙作为一种小范围无线连接技术，能在设备间实现方便快捷、灵活安全、低成本、低功耗的数据通信和语音通信，因此它是目前实现无线局域网通信的主流技术之一；蓝牙技术是一种尖端的开放式无线通信，能够让各种数码设备无线沟通，是无线网络传输技术的一种，成功取代了红外；蓝牙技术是一种无线数据与语音通信的开放性全球规范，它以低成本的近距离无线连接为基础，为固定与移动设备通信环境建立一个特别连接。其实质是为固定设备或移动设备之间的通信环境建立通用的无线电空中接口，将通信技术与计算机技术进一步结合起来，使各种 3C 设备在没有电线或电缆相互连接的情况下，能在近距离范围内实现相互通信或操作。简单来说，蓝牙技术是一种利用低功率无线电在各种 3C 设备间彼此传输数据的技术。蓝牙工作在全球通用的 2.4 GHz ISM(即工业、科学、医学)频段，使用 IEEE 802.15 协议。其作为一种新兴的短距离无线通信技术，正有力地推动着低速率无线个人区域网络的发展。

2. 蓝牙技术原理

蓝牙是一种无线技术标准，可实现固定设备、移动设备和楼宇个人域网之间的短距离数据交换(使用 2.4~2.485 GHz 的 ISM 波段的 UHF 无线电波)。蓝牙可连接多个设备，克服了数据同步的难题。蓝牙技术是由五家公司——爱立信(Ericsson)、诺基亚(Nokia)、东芝(Toshiba)、国际商用机器公司(IBM)和英特尔(Intel)，于 1998 年 5 月联合宣布的一种无线通信新技术。蓝牙设备是蓝牙技术应用的主要载体，常见蓝牙设备比如计算机、手机等。蓝牙产品容纳蓝牙模块，支持蓝牙无线电连接与软件应用。蓝牙设备连接必须在一定范围内进行配对，这种配对搜索被称为短程临时网络模式，也被称为微微网，可以容纳设备最多不超过八台。蓝牙设备连接成功，主设备只有一台，从设备可以多台。蓝牙技术具备射频特性，采用了 TDMA 结构与网络多层次结构，在技术上应用了跳频技术、无线技术等，具有传输效率高、安全性高等优势，所以被各行各业所应用。

3. 蓝牙技术特点

(1)蓝牙技术的适用设备多，无须电缆，通过无线使计算机和电信连网进行通信。

(2)蓝牙技术的工作频段全球通用，适用于全球范围内用户无界限的使用，解决了蜂窝式移动电话的"国界"障碍。蓝牙技术产品使用方便，利用蓝牙设备可以搜索到另外一个蓝牙技术产品，迅速建立起两个设备之间的联系，在控制软件的作用下，可以自动传输数据。

(3)蓝牙技术的安全性和抗干扰能力强，由于蓝牙技术具有跳频的功能，有效避免了 ISM 频带遇到干扰源。蓝牙技术的兼容性较好，目前，蓝牙技术已经能够发展成为独立于操作系统的一项技术，实现了各种操作系统中良好的兼容性能。

(4)传输距离较短。现阶段，蓝牙技术的主要工作范围在 10 m 左右，增加射频功率后的蓝牙技术可以在 100 m 的范围进行工作，只有这样才能保证蓝牙在传播时的工作质量与效率，提高蓝牙的传播速度。另外，在蓝牙技术连接过程中还可以有效地降低该技术与其他电子产品之间的干扰，从而保证蓝牙技术可以正常运行。蓝牙技术不仅有较高的传播质量与效率，还具有较高的传播安全性特点。

(5)通过跳频扩频技术进行传输。蓝牙技术在实际应用期间，可以根据原有的频点进行划分、转化，如果采用一些跳频速度较快的蓝牙技术，那么整个蓝牙系统中的主单元都会通过自动跳频的形式进行转换，从而将其随机地进行跳频。由于蓝牙技术本身具有较高的安全性与抗干扰能力，在实际应用期间可以保证蓝牙运行的质量。

4. 系统组成

(1)底层硬件模块。蓝牙技术系统中的底层硬件模块由基带、跳频和链路管理。其中，基带是完成蓝牙数据和跳频的传输。无线调频层是不需要授权的通过 2.4 GHz ISM 频段的微波，数据流传输和过滤就是在无线调频层实现的，主要定义了蓝牙收发器在此频带正常工作所需要满足的条件。链路管理实现了链路建立、连接和拆除的安全控制。

(2)中间协议层。蓝牙技术系统构成的中间协议层主要包括服务发现协议、逻辑链路控制和适应协议、电话通信协议和串口仿真协议四个部分。服务发现协议层的作用是提供上层应用程序一种机制以便于使用网络中的服务。逻辑链路控制和适应协议层负责数据拆装、复用协议和控制服务质量，是其他协议层作用实现的基础。

（3）高层应用。在蓝牙技术构成系统中，高层应用是位于协议层最上部的框架部分。蓝牙技术的高层应用主要有文件传输、网络、局域网访问。

5. 蓝牙技术的应用

蓝牙技术的初衷是无线互连小型移动设备及其外设，使它们之间的连接变得简单、容易。因此，蓝牙最普通的应用是替代 PC 与打印机、鼠标、扫描仪等外设的连接电缆，以及互连 PDA、移动电话等。然而，随着越来越多电子产品性能的改进，新的应用潜力也在不断地被开发出来。主要应用在以下领域。

（1）计算机领域。无论在办公室、实验室，还是在住宅中，计算机及其外部设备的应用越来越普及，它们之间的信息传递传统方式要通过连接线缆，给使用者带来很大的不便。特别是在家庭中，密密麻麻的电缆线会破坏家居环境的协调感和舒适度。蓝牙接口可以直接集成到计算机主板或者通过 PC 卡、USB 接口连接，实现计算机之间及计算机与外设之间的无线连接，这种无线连接对于便携式笔记本计算机更有意义。通过在笔记本计算机中植入蓝牙技术，笔记本计算机可以通过蓝牙移动电话或蓝牙接入点连接远端网络，笔记本计算机之间也可以方便地进行数据交换，而不需连接任何线缆。当笔记本计算机中的某些资料更新后，可以在无人工干预的情况下，对家用台式计算机进行同步更新。

（2）移动通信领域。利用蓝牙技术制作的无线耳机通常是一种无连线而带有话筒的耳机。蓝牙耳机用于手机可以让用户彻底摆脱有线耳机的不便，在接听电话时可以做其他工作，而且它的辐射量远小于一般有线耳机，手机可以放在几米以外的公文包中，甚至放在另一个房间。除了手机，蓝牙耳机还可以用于其他场合。对于驾车人士来说，蓝牙耳机可以让他们安心驾驶。

（3）信息家电领域。在多声道的家庭影院系统中，数量繁多的音箱之间的连线往往让消费者不胜其烦，既妨碍居室的观感，也不便于家具的摆放。蓝牙可以实现各种音响设备之间的无线互联，这些设备包括 CD 唱机、录音机、功放、音箱等。实际上，蓝牙在数字化家用电器中的应用是没有穷尽的。微型化、低功耗和低成本的特性给蓝牙在人们日常生活中的应用开拓了近乎无限的空间。所有的信息家电和个人计算机都可以通过一个遥控器来进行控制，这个遥控器可以是配备有蓝牙功能的任何手持终端。人们可以利用这种遥控器打开车库、房门以及家中的电灯、计算机、空调、微波炉等，或是激活、关闭使用蓝牙技术的家庭报警系统，而完成这些操作只需要用遥控器指向物体并输入用户代码即可。

（4）汽车领域。蓝牙技术在汽车工业中也有巨大的市场潜力。用户可由此获得与在家中同样的网络服务，汽车中的电话和音频服务将更加便利，用户可以通过移动电话控制汽车的上锁和开启，调节座位和温度等，以及汽车中各种控制设备，同时还可以从服务中心获得及时的路况、事故等信息。

（5）医疗监护领域。医学临床监护技术就是把患者的各种重要生理信息及时、准确地提取出来，进行处理、分析和判断，帮助医护人员对患者病情进行监测和防护的技术。医学临床监护技术分为病房监护技术、动态监护技术以及远程监护与家庭保健监护。在现有的医疗监护系统中，数据的传输一般是用有线的方式，这种将检测设备通过有线方式连到人体上进行监测的传统方法会使病人感到不自然、心情紧张，从而导致所检测到的数据不准确。特别在病房监护中，各种连线不仅使病人感到不舒服，而且使病房显得杂乱无章，影响病人的心情。使用蓝牙技术就可以解决这个问题。我们将带有蓝牙芯片的微型传感器安置在人体身上，尽量使其不对人体正常活动产生干扰，从而得到较为准确的数据，再通过蓝牙技术将数据传到接收设备上，并对其进行处理。之所以选择蓝牙实现监护仪的无线性，是因为蓝牙是一种低功耗、低成本的短距离无线通信技术，而且蓝牙模块的体积非常小，适合嵌入医疗设备中。

二、案例分析

如图 6-24 所示，蓝牙传输距离为 10 cm～10 m，如果增加功率或是加上某些外设更可达到 100 m。由于蓝牙采用无线接口来代替有线电缆连接，具有很强的移植性，适用于多种场合，加上该技术功耗低，对人体危害小，应用简单，容易实现，所以更易于推广。蓝牙摆脱"有线"的束缚对消费者来说更方便，因此，蓝牙逐渐成为人们选购数码产品时必需的一个功能。

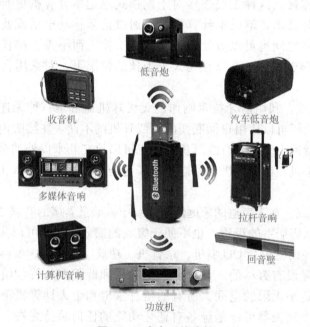

图 6-24　家电无线连接

***

知名品牌功放、音响介绍

一、全球知名品牌功放介绍

1. Chord(和弦)

1989 年，曾先后在多家高科技公司工作过且有着良好音乐素养的 John Franks 先生，在英国创立了 Chord(Chord Electronics Limited，英国和弦)公司，首批产品面世就获得 BBC、EMI、Sky-Walker 等一批著名广播机构和音乐制作机构的认证并被采用。

2. LINN(莲)

LINN 是一家专门制作精密声音设备的公司,致力于 HI-End 声音重现。由于创办人 Lvor Tiefenbrun 热爱音乐,并发现当时家中拥有的音响系统表现未尽如人意,在坚毅信心的驱使下,深信能够把音响系统的音质大幅改进,因此在 1972 年创立了这家公司。对于 LINN 创办人而言,音乐事业属于文化的一环,虽然赔本但有其价值,所以他收集伯恩斯的歌谣,录制古乐,赞助英国的音乐节,与装置艺术或其他相关领域合作。

3. Primare(翮美)

翮美(Primare)成立于 1986 年,以设计水平先进的崭新设计而引人瞩目,其产品以放大器开始,以音质之高、设计之优而吸引人,最新的放大器系列设计前卫。Primare 的简约外形一直是它的最大卖点之一,这无疑是来自北欧独有的设计风格。北欧人追求的是一种永恒的设计、不变的哲学,不盲目追求流行,而是随时间推移产品依然好用、依然美观,也不会落伍,Primare 的产品也是如此。

4. OCTAVE(八度)

德国 OCTAVE(八度)是一家历史悠久,并以家族式经营,专门设计及生产真空管放大器的公司。1968 年 Herr Hofmann 在德国黑森林附近的 Karlsbad-Lettersbach 小镇,创立了 Herr Hofmann Seniors 公司,专门研发及制造高品质线圈和变压器,供应给其他真空管生产商使用。之后由其儿子 Andreas Hofmann 继承父业,一方面维持电子零件的业务,另一方面研究真空管制造技术。当时他发现真空管器材的线路设计本身有很多未完善的问题,例如在频宽、稳定度、音色方面都有进步的空间,并想研究出一台令自己满意的真空管器材。1998 年 Andreas Hofmann 设计出 OCTAVE 的第一台真空管前级——HP 500,推出到市场之后获得空前的成功,并获业界和爱好者的一致好评。

另外,还有 EINSTEIN(爱因斯坦)、Audionet(蓝典)、Brinkmann(贝金曼)、Mimetism(模范)、Unison Research(优力声)等多家知名功放品牌。

二、全球知名品牌音响介绍

1. BOSE(博士)

BOSE(博士)创立于 1964 年,是全球知名的音响品牌之一,是一体化家庭影音系统解决方案商。品牌发源地美国,产品包括音响和蓝牙音响以及家庭影院、汽车音响、耳机等。

2. Harman/Kardon(哈曼卡顿)

Harman/Kardon(哈曼卡顿)来自美国,创立于 1953 年,是一家专门生产和制造家用音响和车用音响的大型企业,产品包括音响和功放机以及汽车音响等。

3. JBL(捷波朗)

JBL 成立于 1946 年,是美国知名的音响品牌。2017 年 3 月加入三星集团,是一家专业生产音响、家庭影院、汽车音响、蓝牙音响等产品的生产商,也是全球较大的扬声器生产商。

另外,还有 EOGO(英爵)、Tannoy(天朗)、Yamaha(雅马哈)、Dynaudio(丹拿)、B&W(宝华韦健)、Hivi(惠威)、EDIFIER(漫步者)等国内外知名品牌音响。

带蓝牙功能的有源功放音箱装调

多功能蓝牙音箱具有蓝牙接收、免提通话、可前进快退、插卡 MP3 播放、AUX、遥控、收音机等多种功能，可以遥控切换工作模式或调解。

总装任务：核心电路板已经制作完成，将音箱外壳与电路固定，并将喇叭按要求安装，并将外部电路接线、天线、开关、电池、音源输入接口等安装、连接，完成电气连接和安装后，进行总装。

总装后，先进行检查，检查是否有虚焊、短路等情况，若无故障，通电逐项检查其性能。

1. 总装流程

（1）检查、确认音响的各部分组成单元、零部件的完整性，是否齐套，有无零部件的瑕疵或损坏，发现申请替换。

（2）确认零部件的安装方向。

（3）按照图例进行安装。

（4）按照指定的线色进行相应的焊接连接。

2. 音响组装注意事项及组装图例说明

（1）找到外壳六块拼板，分清楚哪块是音箱哪个面的，去除多余的未去掉的部分，去掉外壳拼板两面的保护纸，如图 6-25～图 6-28 所示。

图 6-25　拼板（1）

图 6-26　拼板（2）

图 6-27　拼板（3）

图 6-28　拼板（4）

（2）主板如图 6-29 所示，主板接线图如图 6-30 所示。

图 6-29　主板

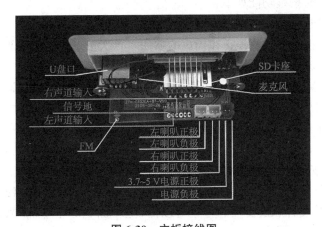

图 6-30　主板接线图

（3）音箱操作面板如图 6-31 所示，面板在外壳上的安装及方向如图 6-32 所示。

图 6-31　音箱操作面板

图 6-32　面板在外壳上的安装及方向

（4）两个扬声器的安装如图 6-33 所示，注意安装方向。

（5）安装电源开关、天线、充电插口、音频输入接口。

1）天线与主板的焊接连接，只需要接一条线，焊接在插座最长的脚上即可。另一端焊接在主板的 E1 焊盘上。

2）音频输入线与主板焊接连接，插座的长脚接地，另外两条线是左右声道的输

图 6-33　两个扬声器的安装

入，分别焊接到主板的相应位置即可，不做区分。

（6）总装。各部分都制作完成后，进行总装。将插头插入相对应的插座中，注意整理线材，适当采用捆扎，减少线路的交叉。固定好禁锢螺钉，整机装配完成。

3. 多功能蓝牙音箱调试条件说明

（1）开关机。

1）OFF/ON 电源开关：假关机（不断电情况下，仅关掉面板开关，会保持低电量耗电）。

2）开机：将电源开关拨至"ON"位置。

3）关机：将电源开关拨至"OFF"位置。

（2）MP3 播放。开机状态下插入复制了 MP3 歌曲的 U 盘或者 SD 卡，机器将自动识别并播放，播放 MP3 时按键功能如下：

"上一曲"：短按播放上一首歌曲，长按音量减。

"播放/暂停"：按第一次暂停正在播放的歌曲，再次按下还原成播放状态。

"下一曲"：短按播放下一首歌曲，长按音量加。

"MODE"：机器工作模式选择，切换 SD 卡、U 盘、时钟、FM、蓝牙、LINE 模式。

（3）FM 模式。使用"MODE"键将机器切换至 FM 状态。

"上一曲"：短按自高往低搜索电台，长按为音量减。

"播放/暂停"：短按自动搜索并存储电台。

"下一曲"：短按自低往高搜索电台，长按为音量加。

（4）LINE 模式。按面板上的"MODE"键将机器切换至"LINE"状态。音源由"LINE/DC"输入，音量由外接音源设备控制，也可以由"上一曲"和"下一曲"来调节音量。调节方法与 MP3 的音量调节相同。

（5）时钟调节。按面板上的"MODE"键将机器切换至"时钟"状态，按"播放/暂停"键选择时或分，此时选中的部分闪烁，再按"上一曲"或"下一曲"调节时间（注意：每次开机后都要重新调整时间）。

（6）蓝牙模式。按面板上的"MODE"键将机器切换至"BLUE"状态，打开带蓝牙功能的音频设备，搜索到"ZTV-CT02EA"并与之连接，音量可由外接音源设备控制，也可以由长按"上一曲"和"下一曲"来调节音量；电话呼入时短按"播放/暂停"为接听电话，长按为拒接；电话呼出或者通话中时短按"播放/暂停"为挂机。

音响系统评测

一、耳机听音测试

你了解声音吗？今天让我们一起来评测一下耳机，体验一下初级听音测试。通过网络查询，选择合适的音源进行听音，对自己的耳机进行听音测试，与同学互换耳机，进行比对，交流个人心得。

二、音响听音极限测试

选择不同的音源和功放，对不同的音响系统进行极限（最大音量和最小音量）测试，对比声音效果，查询音响极限测试资料和视频，交流研讨听音心得。

项目二　工单 1

工作任务	判别二极管的好坏						
姓名		学号		班级		日期	
同组人员							
工作小组中角色		□组长　　□骨干　　□普通成员					
小组工作中协同配合情况说明							

工作任务描述
1. 万用表测试电阻的方法、步骤； 2. 外观上挑选出好的二极管并判断极性； 3. 用万用表测试并判断二极管的好坏，分析故障原因

工作目标

工作过程

结果记录

工作总结

项目二　工单 2

工作任务	稳压二极管测试						
姓名		学号		班级		日期	
同组人员							
工作小组中角色		□组长　□骨干　□普通成员					
小组工作中协同配合情况说明							

工作任务描述

1. 识别不同外壳封装的稳压二极管；
2. 测试稳压二极管；
3. 区分稳压二极管和普通二极管

工作目标

工作过程

结果记录

工作总结

工作任务	测试发光二极管					
姓名		学号		班级		日期	
同组人员						
工作小组中角色			□组长　　□骨干　　□普通成员			
小组工作中协同配合情况说明						

工作任务描述
1. 识别各种颜色发光二极管，从外观上判别极性； 2. 用万用表测试判别发光二极管的极性和好坏； 3. 搭接电路测试不同颜色的发光二极管的 V_F； 4. 搭接电路检测红外发光二极管的好坏

工作目标

工作过程

结果记录

工作总结

工作任务	设计简单的稳压电路						
姓名		学号		班级		日期	
同组人员							

工作小组中角色	□组长　　□骨干　　□普通成员
小组工作中协同配合情况说明	

工作任务描述
1. 画设计的稳压电路图； 2. 选取元件； 3. 测试元件的好坏和极性； 4. 焊接电路； 5. 测试电路参数； 6. 查找问题并解决问题

工作目标

工作过程

结果记录

工作总结

项目二　工单 5

工作任务	设计发光二极管调光电路						
姓名		学号		班级		日期	
同组人员							
工作小组中角色		□组长　　□骨干　　□普通成员					
小组工作中协同配合情况说明							

工作任务描述
1. 设计发光二极管调光电路并画出电路图； 2. 选取所需电路元件和仪器仪表； 3. 连接电路并进行调试； 4. 通过改变可调电阻来改变发光二极管的亮度； 5. 测试二极管两端电压和流经电流； 6. 更换不同颜色的发光二极管，进行测试比较； 7. 分析电路故障原因并解决

工作目标

工作过程

结果记录

工作总结

项目三　工单1

工作任务	固定输出直流稳压电源测试						
姓名		学号		班级		日期	
同组人员							
工作小组中角色	□组长　　□骨干　　□普通成员						
小组工作中协同配合情况说明							

工作任务描述
1. 识读稳压电源的电路图，能够自行分析其工作原理、输出电压； 2. 测试线路上的直流电阻，不通电情况下测试变压器初级电阻和次级电阻； 3. 通电调试和测试： 在测得各线路在直流电阻正常时，即电路中无明显短路现象，用单手操作法进行通电调试和测试，可以有效避免因双手操作不当引起的电击等意外事故； (1)变压器部分，选择合适的挡位和量程测电源变压器的初级电压和次级电压； (2)整流滤波部分(断开 C、D)，测试 U_{CG} 和 U_{DG} 电压； (3)稳压部分，测试输出电压 U_{EG} 和 U_{FG}； (4)分析直流稳压电源常见故障并排除故障

工作目标

工作过程

结果记录

工作总结

工作任务	可调输出直流稳压电源测试						
姓名		学号		班级		日期	
同组人员							
工作小组中角色		□组长　　□骨干　　□普通成员					
小组工作中协同配合情况说明							

工作任务描述
1. 识读可调输出直流稳压电源的电路图，能够自行分析其工作原理； 2. 测试线路上的直流电阻，不通电情况下测试变压器初级电阻和次级电阻； 3. 通电调试和测试： 　在测得各线路在直流电阻正常时，即电路中无明显短路现象，用单手操作法进行通电调试和测试，可以有效避免因双手操作不当引起的电击等意外事故； 　(1)变压器部分，选择合适的挡位和量程测电源变压器的初级电压和次级电压； 　(2)整流滤波部分(断开 C_1 和 C_2)，测试整流滤波后输出电压； 　(3)稳压部分测试，通过不断地调节 R_F 确定输出电压范围和输出的电流范围； 　(4)分析可调输出直流稳压电源常见故障并排除故障

工作目标

工作过程

结果记录

工作总结

工作任务	固定输出线性直流稳压电源的设计与制作						
姓名		学号		班级		日期	
同组人员							
工作小组中角色		□组长　　□骨干　　□普通成员					
小组工作中协同配合情况说明							

工作任务描述
按照技术条件和设计要求完成一个固定输出线性直流稳压电源的设计工作，并根据所设计的电路独立完成直流稳压电源的制作

工作目标

工作过程

结果记录

工作总结

项目三　工单 4

工作任务	正负固定输出线性直流稳压电源的设计与制作						
姓名		学号		班级		日期	
同组人员							

工作小组中角色	□组长　　□骨干　　□普通成员
小组工作中协同配合情况说明	

工作任务描述

按照技术条件和设计要求，完成一个正负输出线性直流稳压电源的设计工作，并根据所设计的电路独立完成直流稳压电源的制作

工作目标

工作过程

结果记录

工作总结

工作任务	0～30 V 输出连续可调直流稳压电源的设计与制作					
姓名		学号		班级		日期
同组人员						

工作小组中角色	□组长　　□骨干　　□普通成员
小组工作中协同配合情况说明	

工作任务描述
按照技术条件和设计要求，完成一个 0～30 V 输出连续可调直流稳压电源的设计工作，并根据所设计的电路独立完成直流稳压电源的制作

工作目标

工作过程

结果记录

工作总结

工作任务	前置放大电路的制作与调试						
姓名		学号		班级		日期	
同组人员							
工作小组中角色			□组长　　□骨干　　□普通成员				
小组工作中协同配合情况说明							

工作任务描述
前置放大电路的制作与调试试验主要分为两部分： 1. 电路的制作： (1)对试验所需的元件进行检测； (2)根据前置放大电路的原理图进行电路组装； 2. 调试： 根据试验要求，对组装的电路进行特征点取样并反复进行调试，直到电路输出波形不失真

工作目标

工作过程

结果记录

工作总结

工作任务	射极跟随器安装与调试						
姓名		学号		班级		日期	
同组人员							
工作小组中角色		□组长　　□骨干　　□普通成员					
小组工作中协同配合情况说明							

工作任务描述
射极跟随器安装与调试实验主要分为两部分： 1. 电路的制作： (1)对试验所需的元件进行检测； (2)根据前置放大电路的原理图进行电路组装； 2. 调试： 根据试验要求，对组装的电路进行特征点取样并反复进行调试，直到电路输出波形不失真

工作目标

工作过程

结果记录

工作总结

项目五　工单 1

<table>
<tr><td>工作任务</td><td colspan="7">集成运放的应用电路的测试与理想计算结果的对照分析与测试</td></tr>
<tr><td>姓名</td><td></td><td>学号</td><td></td><td>班级</td><td></td><td>日期</td><td></td></tr>
<tr><td>同组人员</td><td></td><td></td><td></td><td></td><td></td><td></td><td></td></tr>
<tr><td colspan="2">工作小组中角色</td><td colspan="6">□组长　□骨干　□普通成员</td></tr>
<tr><td colspan="2">小组工作中协同
配合情况说明</td><td colspan="6"></td></tr>
<tr><td colspan="8">工作任务描述</td></tr>
<tr><td colspan="8">本工单通过 μA741 集成运算放大器来进行试验对比电路的测试值与计算理论值有何差别，通过反向比例运算电路、加法运算电路输出、输入之间的关系测试，将测试的实测值填写入表中，通过理想运放的计算得到计算值，调整输入电阻再次进行计算值与实测值的对比，分析误差产生的原因</td></tr>
<tr><td colspan="8">工作目标</td></tr>
<tr><td colspan="8"></td></tr>
<tr><td colspan="8">工作过程</td></tr>
<tr><td colspan="8"></td></tr>
<tr><td colspan="8">结果记录</td></tr>
<tr><td colspan="8"></td></tr>
<tr><td colspan="8">工作总结</td></tr>
<tr><td colspan="8"></td></tr>
</table>

项目五　工单 2

<table>
<tr><td>工作任务</td><td colspan="7">有源滤波器的设计与制作</td></tr>
<tr><td>姓名</td><td></td><td>学号</td><td></td><td>班级</td><td></td><td>日期</td><td></td></tr>
<tr><td>同组人员</td><td></td><td></td><td></td><td></td><td></td><td></td><td></td></tr>
<tr><td colspan="2">工作小组中角色</td><td colspan="6">□组长　□骨干　□普通成员</td></tr>
<tr><td colspan="2">小组工作中协同
配合情况说明</td><td colspan="6"></td></tr>
<tr><td colspan="8">工作任务描述</td></tr>
<tr><td colspan="8">通过设计制作一个有源滤波器，训练学生综合运用学过的电子电路的基本知识，使学生了解设计制作所用的集成运算放大器、低通、高通、带通、带阻滤波器的结构、功能及特点，熟练运用集成运放及有源滤波器，掌握有源滤波器的设计、制作、调试和检测的方法</td></tr>
<tr><td colspan="8">工作目标</td></tr>
<tr><td colspan="8"></td></tr>
<tr><td colspan="8">工作过程</td></tr>
<tr><td colspan="8"></td></tr>
<tr><td colspan="8">结果记录</td></tr>
<tr><td colspan="8"></td></tr>
<tr><td colspan="8">工作总结</td></tr>
<tr><td colspan="8"></td></tr>
</table>

项目六 工单1

工作任务	功放电路制作与调试						
姓名		学号		班级		日期	
同组人员							
工作小组中角色		□组长　□骨干　□普通成员					
小组工作中协同配合情况说明							

工作任务描述

按照技术条件和设计要求完成一个功率放大电路的设计工作，并根据所设计的电路完成功放电路的制作与调试

工作目标

工作过程

结果记录

工作总结

工作任务	DIY 音箱						
姓名		学号		班级		日期	
同组人员							
工作小组中角色	□组长　　□骨干　□普通成员						
小组工作中协同配合情况说明							

工作任务描述
按照技术条件和设计要求完成一个音箱电路的设计方案，并根据所设计的电路完成音箱的制作与调试

工作目标

工作过程

结果记录

工作总结

工作任务	带蓝牙功能的有源功放音箱装调						
姓名		学号		班级		日期	
同组人员							
工作小组中角色		□组长　　　□骨干　　　□普通成员					
小组工作中协同配合情况说明							

工作任务描述
制作多功能蓝牙音箱，具有蓝牙接收、免提通话、可前进快退、插卡 MP3 播放、AUX、遥控、收音机等多种功能，可以遥控切换工作模式或调解

工作目标

工作过程

结果记录

工作总结

工作任务	初级听音测试						
姓名		学号		班级		日期	
同组人员							

工作小组中角色	□组长　　□骨干　　□普通成员
小组工作中协同配合情况说明	

工作任务描述
通过播放音源视频，品评耳机质量

工作目标

工作过程

结果记录

工作总结

工作任务	耳机极限测试						
姓名		学号		班级		日期	
同组人员							
工作小组中角色		□组长　　□骨干　　□普通成员					
小组工作中协同配合情况说明							

工作任务描述

播放极限参数测试音源视频，评测耳机极限状况和听力声音频率范围

工作目标

工作过程

结果记录

工作总结

工作任务	HiFi 音响评测						
姓名		学号		班级		日期	
同组人员							
工作小组中角色		□组长　　□骨干　□普通成员					
小组工作中协同配合情况说明							

工作任务描述
了解家庭影院商品快讯，观看最新 HiFi 音响专业评测视频，总结评测指标，对音响系统有较为全面的认识

工作目标

工作过程

结果记录

工作总结

附录二　用电安全常识

安全是人类从事各种工作、学习和娱乐的基本保障。随着电子产品的高速发展，现代人的生活几乎都要用电，人们也更加重视用电安全。在长期生活实践中，人们总结了安全用电的经验，积累了丰富的安全用电知识和数据，以便让后人掌握这些知识，防患于未然。

1. 触电伤害

人体电阻是能够导电的，只要有足够（大于 3 mA）的电流流经人体就会对人造成伤害，这就是通常所说的触电。由于触电伤害事先根本无法预测，因此，一旦发生触电伤害，后果必然十分严重。影响触电伤害的主要因素有以下几方面。

（1）电流大小。电流流经人体的大小直接关系到生命的安全，当电流小于 3 mA 时，不会对人体造成伤害，人类利用安全电流的刺激作用制造医疗仪器就是最好的证明。电流对人体的作用见附表 2-1。

附表 2-1　电流对人体的作用

电流/mA	对人体的作用
<0.7	无感觉
1	有轻微感觉
1~3	有刺激感，一般电疗仪器取此电流
3~10	有痛苦感，可自行摆脱
10~30	引起肌肉痉挛，短时间无危险，长时间有危险
30~50	强烈痉挛，时间超过 60 s 即有生命危险
50~250	产生心脏室性纤颤，丧失知觉，严重危害生命
>250	短时间内（1 s 以上）造成心脏骤停、体内电灼伤

（2）人体电阻。人体电阻是一个不确定的电阻，它随皮肤的干燥程度不同而不同，皮肤干燥时电阻可呈 100 kΩ 以上，而一旦潮湿，电阻可降到 1 kΩ 以下。人体电阻还是一个非线性电阻，它随人体间的电压变化而变化。从附表 2-2 中可以看出，人体电阻阻值随电压的升高而减小。

附表 2-2　人体电阻随电压变化情况

电压/V	12	31	62	125	220	380	1 000
电阻/kΩ	16.5	11	6.24	3.5	2.2	1.47	0.64
电流/mA	0.8	2.8	10	35	100	268	1 560

（3）电流种类。电流种类不同对人体造成的损伤也不同。交流电会造成电伤和电击的同时发生，而直流电一般只引起电伤。频率在 40~100 Hz 的交流电对人体最危险，日常使用的电工频为 50 Hz，属于危险频率范围内，因此特别要注意用电安全。当交流电频率为

20 000 Hz时，对人体危害很小，一般的理疗仪器采用的就是接近20 000 Hz，而偏离100 Hz较远的频率。

（4）电流作用时间。电流对人体的伤害程度同其作用时间的长短密切相关。电流与时间的乘积也称为电击强度，用来表示电流对人体的危害。触电保护器的一个重要技术参数就是额定断开时间与漏电电流的乘积应小于30 mA·s，实际使用的产品可以小于3 mA·s，因此能有效防止发生触电事故。

2. 预防触电

在电的安全使用中任何一种措施或保护器都不是万无一失的，要想预防触电最保险的方法莫过于提高安全知识和警惕性。

（1）安全制度。在各种用电场所都制订了各种各样的安全使用电器的制度，这些制度是在工作实践中不断积累出来的，千万不可麻痹大意。

（2）安全措施。

①在所有使用市电场所装设漏电保护器；②所有带金属外壳的电器及配电装置都应该装设保护接地或保护接零；③对正常情况下的带电部分，一定要加绝缘保护，并置于人不容易碰到的地方。例如输电线、电源板等；④随时检查所用电器插头、电线有无破损老化并及时更换；⑤手持电动工具应尽量使用安全电压工作。常用安全电压为36 V或24 V，特别危险的场所应使用12 V。

（3）安全操作。

①在任何情况下检修电路和电器都要确保断开电源，并将电源插头拔下；②遇到不明情况的电线，应认为它是带电的；③不要用湿手开关或插拔电器；④尽量养成单手操作电工作业的习惯；⑤遇到大容量的电容器要先放电，方可进行检修；⑥不在带病或疲倦的状态下从事电工作业。

3. 电子装配安全操作

电子产品研制和电器维修的基本特点是个人制作，整个制作过程"弱电"较多，但是少不了带有"强电"，因此安全是电子装配操作的重点。

（1）安全用电基本措施。

①工作室内的电源应符合国家电气安全标准；②工作室内的总电源应装有漏电保护开关；③工作室或工作台上应有便于操作的电源开关；④从事电力电子技术工作时，应设置隔离变压器；⑤调试、检测较大功率电子装置时，工作人员不应少于两人；⑥测试、装接电子线路，应采用单手操作。

（2）预防烫伤。烫伤在电子装配操作中发生较为频繁，这种烫伤一般不会造成严重后果，但会给操作者带来伤害，做到不烫到人和物，要注意以下几点操作规范：

①工作中应将电烙铁放置在烙铁架上，并将烙铁架置于工作台右前方；②观察电烙铁的温度，使用电烙铁头去熔化松香，千万不要用手触摸电烙铁头；③在焊接工作中要注意被加热熔化的松香及焊锡溅落到皮肤上造成的伤害；④通电调试、维修电子产品时，要注意电路中发热电子元器件（散热片、功率器件、功耗电阻）可能造成的烫伤。

（3）预防机械损伤。机械损伤在电子装配操作中较为少见，但违反安全操作规定仍会造成严重伤害的事故。例如：

①剪断印制电路板上的元器件引线时，可能被剪断的线段飞射打伤眼睛；②使用螺钉旋具紧固螺钉时，可能打滑伤及自己的手。

附录三　电子产品组装通用工艺

　　电子产品组装通用工艺包括机械组装工艺和电气组装工艺，本部分以电气组装工艺为主介绍，不解释机械组装工艺。

　　电气的安装准备工艺与装配，以及元器件、导线、电缆装配前的加工处理统称为电气安装的准备工艺。准备工艺是产品安装的重要工序，有了良好的准备工艺，才可能有优质、可靠的电气连接质量。电气安装的准备工艺主要包括导线加工、浸锡、元器件引线成形、屏蔽线及同轴射频电缆加工等内容。

　　1. 焊料与焊剂

　　(1)焊料。凡是用来熔合两种或两种以上的金属面，使之成为一个整体的金属或合金都叫焊料。按焊料的组成成分可分为锡铅焊料、银焊料和铜焊料，在锡铅焊料中，熔点在450 ℃以上的称为硬焊料，熔点在450 ℃以下的称为软焊料。在电子装配中多用锡铅焊料（简称焊锡）。

　　焊锡由二元或多元合金组成。通常所说的焊锡是指锡和铅的二元合金，即锡铅合金。它是一种软焊料。附图 3-1 为锡铅合金状态图，展示了锡铅合金熔化温度随着锡的含量而变化的情况。从图中可以看出：B 点合金可由固体直接变成液体或从液体直接冷却成固体，中间不经过半液体状态，因此称 B 点为共晶点。按共晶点配比的合金称为共晶合金。共晶合金是合金焊料中较好的一种，其优点是熔点最低、结晶间隔很短、流动性好、机械强度高，因此，在电子产品都采用共晶焊锡，共晶锡铅合金，其中含锡量为 63%，含铅量为37%，其熔化温度为 183 ℃。

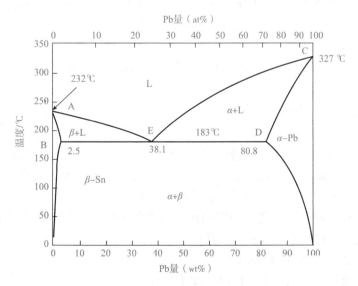

附图 3-1　锡铅合金状态图

焊料的形状有膏状、管状、扁带状、球状、饼状、圆片等。常用焊锡丝直径有 0.5 mm、0.8 mm、1.0 mm、1.2 mm、1.5 mm、2.0 mm、2.5 mm、3.0 mm 等多种规格，在其内部夹有固体焊剂松香。

（2）助焊剂。焊接时，为了使熔化的焊锡能粘结在被焊金属表面，就必须借助化学的方法将金属表面的氧化物除去，使金属表面显露出来，凡是具有这种作用的化学品，称为助焊剂。电子装配时常用焊接方法实施电的连接，而助焊剂便成为获得优质焊接点的必要工艺用品。

1）助焊剂的作用。

①除去氧化膜与杂质。助焊剂中的氯化物、酸类同氧化物发生还原反应，从而除去氧化膜，反应后的生成物变成悬浮的渣，漂浮在焊料表面。

②防止氧化。由于焊接时必须把被焊金属加热到使焊料发生润湿并发生扩散的温度，但是随着温度的升高，金属表面的氧化就会加快，而助焊剂此时就在整个金属表面上形成一层薄膜，包住金属使其同空气隔绝，从而起到加热过程中防止氧化的作用。

③减少表面张力，增加焊锡流动性，有助于焊锡润湿焊件。当焊料熔化后，将贴附于金属表面，但由于焊料本身表面张力的作用，力图变成球状，从而减少了焊料的附着力，而助焊剂则有减少表面张力、增加流动的功能，故使焊料附着力增强，使焊接质量得到提高。

2）对助焊剂的要求。

①熔化温度必须低于锡的熔化温度，并在焊接温度范围内具有足够的热稳定性。

②应有很强的去金属表面氧化物的能力，并有防止再氧化的作用。

③在焊接温度下能降低焊锡的表面张力，增强浸润性，提高焊锡的流动性能。

④残余物易清除，并无腐蚀性。

⑤焊接时，助焊剂不宜产生过多的挥发性气体，尤其不应产生有毒或刺激性的气体。

⑥助焊剂的配制过程应简单。

（3）阻焊剂。在进行浸焊、波峰焊时，往往会发生焊锡桥连，造成短路的现象，尤其是高密度的印制电路板更为明显。阻焊剂是一种耐高温的涂料，它可使焊接只在需要焊接的点上进行，而将不需要焊接的部分保护起来。应用阻焊剂可以防止桥连、短路等现象发生，减少返修，提高劳动生产率，节约焊料，并可使焊点饱满，减少虚焊发生，提高了焊接质量。印制电路板板面部分由于受到阻焊膜的覆盖，热冲击小，使板面不易起泡、分层，焊接成品合格率上升。

（4）电烙铁头温度。电烙铁头的温度应为 233 ℃，这样能使焊接质量最好。

2. 元器件装配工艺

（1）元器件引脚整形。元器件引脚整形是对小型元器件而言，它可用跨接、立、卧等方法焊接，并要求受振动时器件原位置不变动。如果是大型元器件，必须用支架、卡子等固定在安装位置上，不可能像小型元器件悬浮跨接、单独立放。

引脚折弯整形要根据焊点之间的距离做成需要的形状，附图 3-2 为引脚整形后的各种形状，引脚折弯要在离其根部 2 mm 外进行。

（2）元器件装配的主要技术要求。

1）标记安装时，字体应向上或向外，便于目视。

2）中频变压器要与底板吻合。

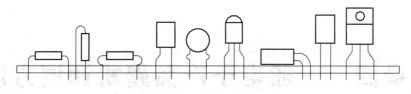

附图 3-2　元器件引脚整形图

3)位置上下、水平、垂直对称,要做到美观、整齐,同一类元器件高低应一致。

4)元器件、导线绕头一般一圈到底,并用尖嘴钳夹紧。

5)元器件的放置要平稳,支承力尽可能相等,弯脚应呈圆弧形,并不可齐根弯。

6)三极管、集成电路焊接速度要快,要注意引脚的极性。

(3)接点的焊接。焊点的几种情况如附图 3-3 所示。

附图 3-3　焊点形状

1)对焊接点的技术要求。

①焊接点要牢固,具有一定的强度。

②接触电阻要小,吃锡透彻,无虚焊、假焊及漏焊。

③焊点大小均匀,圆滑、满焊、无生焊。

④焊接点表面要整洁、无杂物残留。

⑤焊点之间不应搭焊、碰焊,以防短路。

⑥焊点表面应有良好的光泽,无毛刺、无拖锡,防止尖端放电。

2)焊接注意事项。

①烙铁头温度(233 ℃)掌握要适当。

②焊接时间要适当。

③焊料与焊剂使用要适量。

④焊点未冷却前不准摇动焊接物,以防焊点表面粗糙及虚焊。

⑤不应烫伤周围的元器件及导线。

3)焊接集成电路应注意事项。

①使用的仪器和工具都必须接地良好。

②焊接时宜使用 20 W 内热式电烙铁;若用普通电烙铁,则烙铁头应接地。

③焊接时间不要超过 5 s,不允许在一个焊点上连续焊多次。

④焊接电路板时,插头应全部短路,并一次将整个电路板焊完。如果焊不完将电路板包上屏蔽层放入金属盒内。

附录四 一般电子产品整机调试方法

整机调试是为了保证整机的技术指标和设计要求，把经过动静态调试的各个部件组装在一起进行相关测试，以解决单元部件调试中不能解决的问题。

1. 整机调试步骤

(1)整机外观检查。整机外观检查主要检查外观部件是否完整，拨动是否灵活。以收音机为例，检查天线、电池夹子、波段开关、刻度盘等项目。

(2)整机的内部结构检查。内部结构检查主要检查内部结构装配的牢固性和可靠性。例如电视机电路板与机座安装是否牢固，各部件之间的接插线与插座有无虚接，尾板与显像管是否插牢。

(3)整机的功耗测试。整机功耗是电子产品设计的一项重要技术指标，测试时常用调压器对整机供电，即用调压器将交流电压调到 220 V，测试正常工作整机的交流电流，将交流电流值乘以 220 V 得到该整机的功率损耗。

1)通电检查：设备整体通电前应先检查电源极性和输出电压值是否正确，可以先将电压调至较低值，测试没有问题后再调至要求值。对于被测试的设备，在通电前必须检查被调试单元电路板、元器件之间有无短路、错误连接。一切正常方可通电。

2)电源调试：空载调试与有载调试。调试主要检查输出电压是否稳定，数值和波形是否达到设计要求。避免电源电路未经调试就加在整机上而引起整机中电子元器件的损坏。有载调试常常是在初调正常后加额负载，测试并调整电源的各项性能参数，使其带负载能力增强，达到最佳的值。

3)整机调试：对于整机，是将各个调试好的小单元进行组装形成的，因此其性能参数会受到影响，所以整机装配好后应对各单元的指标参数进行调整，使其符合整机要求。整机调试常常分为静态调试和动态调试。静态调试是测试直流工作状态，元器件电路即测试电路的静态工作点，模拟集成电路是测试其各脚对地的电压值、电路耗散功率，对于数字电路应测试其输出电平。动态调试是测试加入负载后电路的工作状况，可以采用波形测试及瞬间观测法等，确定电路是否能够正常工作。

4)整机技术指标测试：按照整机技术指标要求，对已经调整好的整机技术指标进行测试，判断是否达到质量技术要求，记录测试数据，分析测试结果，写出测试报告。

5)例行试验：按工艺要求对整机进行可靠性试验、耐久性试验，如振动试验、低温运行试验、高温运行试验、抗干扰试验等。

6)整机技术指标复测：依然按照整机技术指标要求，对完成例行试验的产品进行整机技术指标测试，记录测试数据，分析测试结果，写出测试报告。与整机技术指标测试结果进行对比，对例行试验后合格产品包装入库。

2. 调试的目的与调试要点

调试技术包括调整和测试(检验)两部分内容。

(1)调整：主要是对电路参数的调整，使电路达到预定的功能和性能要求。

(2)测试：主要是对电路的各项技术指标和功能进行测量和试验，并同设计的性能指标进行比较，以确定电路是否合格。

3. 调试的目的

(1)发现设计的缺陷和安装的错误，并改进与纠正，或提出改进建议。

(2)通过调整电路参数，确保产品的各项功能和性能指标均达到设计要求。

4. 调试的过程

(1)通电前的检查(调试准备)。

(2)通电调试。包括通电观察、静态调试和动态调试。

(3)整机调试。包括外观检查、结构调试、通电检查、电源调试、整机统调、整机技术指标综合测试及例行试验等。

5. 调试的安全措施

调试工作中的主要安全措施如下：

(1)供电安全。

(2)仪器设备安全。

(3)操作安全。

6. 调试工艺文件及调试方案

(1)调试工艺文件。调试工艺文件是用来规定产品生产过程中调试的工艺过程、调试的要求及操作方法等的工艺文件，是产品调试的唯一依据和质量保证，也是调试人员的工作手册和操作指导书。

(2)调试方案。调试方案是根据产品的技术要求和设计文件的规定以及有关的技术标准，制定的调试项目、技术指标要求、规则、方法和流程安排等总体规划和调试手段，是调试工艺文件的基础。

调试方案的制订应从下列三个方面综合考虑：

1)技术要求。

2)生产效率要求。

3)经济要求。

附录五　电子工艺文件的识读与编制

电子产品的整机装配是将各种电子元器件、机电器件及结构件，按照设计要求，安装在规定的位置上，组成具有一定功能的电子产品的过程。一个电子产品的质量是否合格，其功能和各项技术指标能否达到设计规定要求，与电子产品装配的工艺是否达到要求有直接关系，因此，电子产品的装配要遵循装配原则，按照整机装配要求和工艺流程进行。

1. 工艺文件概述

工艺文件是企业组织生产、指导操作和进行工艺管理各种技术文件的统称。具体来说，按照一定的条件选择产品最合理的工艺过程（即生产过程），将实现这个工艺过程的程序、内容、方法、工具、设备、材料以及各个环节应该遵守的技术规程，用文字、图表形式表示出来，称为工艺文件。工艺文件是如何在过程中实现成最终的产品的操作文件。应用于生产的叫生产工艺文件，有的称为标准作业流程（Standard Operation Procedure），也有的称为作业指导书（Work Instruction），日本习惯称前者为工艺文件，而欧美习惯称后者为工艺文件，两者只是习惯叫法上的差别，其实所展现的内容没有太大的差别。

2. 整套工艺文件

整套工艺文件应当包括工艺目录、变更记录、工艺流程图、工位/工序工艺卡片。工艺目录指整个文件的目录，重要的是需要标明当前各文件的有效版本。变更记录通常是在文件内容变更后，进行走变更流程的记录，主要内容包括变更的内容页名称、变更的依据文件（通常为ECO）编号、变更前和变更后的版本。工艺流程图，提供流程中的操作者及对操作的素质要求，需要多少人力、每一道工序要花多少时间、操作要点是什么、要达到什么标准、用什么特殊工具等，都是以流程图为基础来展开的。工位/工序的工艺卡片，就是具体到每一个环节，通常为操作者使用，同时要写明本工位（或工序）名称、前工位（或工序）名称、后工位（或工序）名称、用什么材料、用什么工具、操作中要注意哪些事项、执行要达到什么标准，更多的主要内容是操作步骤顺序和方法。

3. 电子产品的工艺文件

工艺图和工艺文件是指导操作者生产、加工、操作的依据。对照工艺图，操作者都应该能够知道产品是什么样子，怎样把产品做出来，但不需要对它的工作原理过多关注。工艺文件一般包括生产线布局图、产品工艺流程图、实物装配图、印制电路板装配图等。

4. 工艺文件的作用

工艺文件的主要作用如下：

（1）组织生产，建立生产秩序；

（2）指导技术，保证产品质量；

（3）编制生产计划，考核工时定额；

（4）调整劳动组织；

（5）安排物资供应；

（6）工具、工装、模具管理；

（7）经济核算的依据；

（8）执行工艺纪律的依据；

（9）历史档案资料；

（10）产品转厂生产时的交换资料；

（11）各企业之间进行经验交流。

对于组织机构健全的电子产品制造企业来说，上述工艺文件的作用也正是各部门的职员的工作依据。生产部门按照规定的流程和工序，便于组织有序的产品生产；按照文件要求组织工艺纪律和员工的管理；提出各工序和岗位的技术要求和操作方法，保证生产出符合质量要求的产品。质量管理部门检查各工序和岗位的技术要求和操作方法，监督生产符合质量要求的产品。生产计划部门、物料供应部门和财务部门核算确定工时定额和材料定额，控制产品的制造成本。资料档案管理部门对工艺文件进行严格的授权管理，记载工艺文件的更新历程，确认生产过程使用有效的文件。

5. 电子产品工艺文件的分类

根据电子产品的特点，工艺文件主要包括产品工艺流程、岗位作业指导书、通用工艺文件和管理性工艺文件。工艺流程是组织产品生产必需的工艺文件；岗位作业指导书和操作指南是参与生产的每个员工、每个岗位都必须遵照执行的；通用工艺文件如设备操作规程、焊接工艺要求等，力求适用于多个工位和工序；管理性工艺文件如现场工艺纪律、防静电管理办法等。

（1）基本工艺文件。基本工艺文件是供企业组织生产、进行生产技术准备工作的最基本的技术文件，它规定了产品的生产条件、工艺路线、工艺流程、工具设备、调试及检验仪器、工艺装备、工时定额。一切在生产过程中进行组织管理所需要的资料，都要从中取得有关的数据。

基本工艺文件应包括零件工艺过程和装配工艺过程。

（2）指导技术的工艺文件。指导技术的工艺文件是不同专业工艺的经验总结，或者是通过试生产实践编写出来的用于指导技术和保证产品质量的技术条件，主要包括：

1）专业工艺规程；

2）工艺说明及简图；

3）检验说明（方式、步骤、程序等）。

（3）统计汇编资料。统计汇编资料是为企业管理部门提供的各种明细表，作为管理部门规划生产组织、编制生产计划、安排物资供应、进行经济核算的技术依据，主要包括：

1）专用工装；

2）标准工具；

3）工时消耗定额。

（4）管理工艺文件用的格式。

1）工艺文件封面；

2）工艺文件目录；

3）工艺文件更改通知单；

4）工艺文件明细表。

6. 工艺文件的成套性

电子产品工艺文件的编制不是随意的，应该根据产品的生产性质、生产类型，产品的复杂程度、重要程度及生产的组织形式等具体情况，按照一定的规范和格式编制配套齐全，即应该保证工艺文件的成套性。电子行业标准《工艺文件的成套性》（SJ/T 10324—1992）对工艺文件的成套性提出了明确的要求，分别规定了产品在设计定型、生产定型、钽电容样机试制或一次性生产时的工艺文件成套性标准。电子产品大批量生产时，工艺文件就是指导企业加工、装配、生产路线、计划、调度、原材料准备、劳动组织、质量管理、工模具管理、经济核算等工作的主要技术依据，所以工艺文件的成套性在产品生产定型时尤其应该加以重点审核。通常，整机类电子产品在生产定型时至少应具备以下几种工艺文件：

（1）工艺文件封面；

（2）工艺文件明细表；

（3）装配工艺过程卡片；

（4）自制工艺装备明细表；

（5）材料消耗工艺定额明细表；

（6）材料消耗工艺定额汇总表。

7. 典型岗位作业指导书的编制

岗位作业指导书是指导员工进行生产的工艺文件，编制作业指导书，要注意以下几点：

（1）为便于查阅、追溯质量责任，作业指导书必须写明产品（如有可能，尽量包括产品规格及型号）以及文件编号。

（2）必须说明该岗位的工作内容，对于操作人员，最好在指导书上指明操作的部位。

（3）写明本工位工作所需要的原材料、元器件和设备工具以及相应的规格、型号及数量。

（4）有图纸或实物样品加以指导的，要指出操作的具体部位。

（5）有说明或技术要求以告诉操作人员怎样具体操作以及注意事项。

（6）工艺文件必须有编制人、审核人和批准人签字。

一件产品的作业指导书不止一份，有多少工位就应有多少份作业指导书，因此，每一产品的作业指导书要汇总并装订成册，以便生产使用。

8. 工艺文件的编号及简号

工艺文件的编号是指工艺文件的代号，简称为"文件代号"，它由三部分组成：企业的区分代号、该工艺文件的编制对象的十进制分类编号和检验规范的工艺文件简号，必要时工艺文件简号可以加区分号予以说明，如附图5-1所示。

第一部分"SJA"即上海电子计算机厂的代号。

第二部分是设计文件十进制数分类编号。

第三部分是工艺文件的简号，由大写的汉语拼音字母组成，用以区分编制同一产品的不同种类的工艺文件，图中的"GJG"即工艺文件检验规范的简号。

区分号：当同一简号的工艺文件有两种或两种以上时，可用标注区分（数字）的方法加以区分。

9. 工艺文件的签署规定

工艺文件的签署栏供有关责任者签署使用，归档产品文件签署栏的签署者应对工艺文件负相应的责任。签署栏主要内容包括拟制、审核、标准化审查和批准。

（1）签署者的责任。

1）拟制签署者的责任：拟制签署者应对所编制的工艺文件的正确性、合理性、完整性和安全性等负责。

2）审核签署者的责任：审核编制依据的正确性、工艺方案的合理性和专用工艺装备选用的必要性是否符合工艺方案的原则；操作的安全性、工艺文件的完整性，是否贯彻了标准和有关规定。

3）批准签署者的责任：批准签署者应对工艺文件的内容负责，如工艺方案的选择是否能产出质量稳定可靠的产品；工艺文件的完整性、正确性、合理性及协调性；质量控制的可靠性、安全性、环境保护性是否符合现行的规定；工艺文件是否贯彻了现行标准和有关规章制度等。

4）标准化签署者的责任：标准化签署者对工艺文件是否贯彻了标准化现行资料标准和有关规章制度；工艺文件的完整性和签署是否符合工艺文件规定；是否最大限度地采用典型的工艺；工艺文件采用的材料、工具是否符合现行的标准等方面负责。

（2）签署的要求。签署人应在规定的签署栏中签署，签署人员应严肃认真，按签署的技术责任履行职责，不允许代签或冒名签署。

10. 工艺文件的更改

（1）工艺文件的更改应遵循的原则如下：

1）保证生产的顺利进行；

2）保证更改后能更加合理；

3）证底图、复印图相一致；

4）更改要有记录，便于在必要时查明更改原因。

（2）拟制工艺文件更改通知单：更改通知单由工艺部门拟发，并按规定的签署手续进行更改。其内容应能反映出相关部位更改前后的情况，更改的相关部位要表示清楚。若更改设计其他技术文件，则应同时拟发相应的更改通知单，进行配套更改。

附录六 电子产品 PCBA 安装可接受条件(节选)

1. IPC-A-610E CN-2010 电子组件可接受性简介

IPC(Institute of Printed Circuits)即美国印刷电路协会。美国 IPC 成立于 1957 年，IPC 最初为"The Institute of Printed Circuit"的缩写，即美国"印制电路板协会"，后改名为"The Institute of the Interconnecting and Packing Electronic Circuit(电子电路互连与封装协会)"，1999 年再次更名为"Association of Connecting Electronics Industries"即"国际电子工业联接协会"。由于 IPC 知名度很高，因此更名后，IPC 的标记和缩写仍然没有改变。IPC 拥有两千六百多个协会成员，包括世界著名的从事印制电路板设计、制造、组装、OEM(Original Equipment Manufacturer，即原始设备制造商)制作、EMS(Electronics Manufacture Service，即电子制造服务)外包的公司，IPC 与 ISO、IEEE、JEDC 一样，是美国乃至全球电子制造业最有影响力的组织之一。IPC-A-610 是国际上电子制造业界普遍公认的可作为国际通行的质量检验标准。IPC-A-610E CN 是 2010 年 4 月发布实施的。IPC-A-610 规定了怎样把元器件合格地组装到 PCB 上，对每种级别的标准都提供了可测量的元器件位置和焊点尺寸，并提供合格焊点的相应技术指标，外观质量可接受性要求，表述了电子组件制造的验收要求。

2. 电子产品的级别划分

(1)Ⅰ级-通用类电子产品：包括消费类电子产品、部分计算机及其外围设备，以及对外观要求不高而以其使用功能要求为主的产品，如 VCD/DVD 等。

(2)Ⅱ级-专用服务类电子产品：包括通信设备，复杂商业机器，高性能、长使用寿命要求的仪器。这类产品需要持久的寿命，便要求必须保持不间断工作，外观上也允许有缺陷。

(3)Ⅲ级-高性能电子产品：包括持续运行或严格按指令运行的设备和产品。这类产品在使用中，不能出现中断，例如救生设备或飞行控制系统。符合该级别要求的组件产品适用于高保证要求、高服务要求，或者最终产品使用环境条件异常苛刻。

作为标准参考顺序：引用 IPC-A-610 或经由合同指定作为验收文件。如无，按下列优先次序执行：用户与制造商协定并成文的采购合同；IPC-A-610E/F；其他文件。

3. 标准给出的四级验收条件

(1)目标条件：是指近乎完美或被称之为"优选"。当然这是一种希望达到但不一定总能达到的条件，对于保证组件在使用环境下的可靠运行也并不是非达到不可的。

(2)可接受条件：是指组件不必完美但要在使用环境下保持其完整性和可靠性的特征。

(3)缺陷条件：是指在其使用环境下不能保持组件的外形、装配和功能的情况。这类情况应由制造商根据设计、服务和客户要求照章处理。"照章处理"可为返工、修理、报废或照样使用；其中修理或照样使用须取得客户的认可。

（4）制程警示条件：制程警示是指没有影响到产品的外形、装配和功能的（非缺陷）情况。由于材料、设计和（或）操作人员、机械因素而造成的既不能完全满足可接收条件又非属缺陷的情况。应将制程警示作为过程控制的一部分而对其实行监控。当制程警示的数据表示制程发生异常变化或出现不理想的趋势时，必须对制程进行分析；这可引发减少制程变化并改善生产量的措施。单一性制程警示项目不需要进行特别处理，其相关产品可照样使用。

4. 电气间隙

各层上导体之间尽可能应该最大化的距离见附表 6-1。对于 500 V 以上的电压，表里的值必须加上 500 V 时的数值，如 B1 型板 600 V 的电气间隙为 600－500＝100（V），则电气间隙＝0.25 ＋（100×0.002 5）＝0.50（mm）。

附表 6-1　最小电气间隙表

导体间的电压 （DC 或 AC 峰值）	最小电气间隙						
	光板				组件		
	B1	B2	B3	B4	A5	A6	A7
0～15	0.05 mm	0.1 mm	0.1 mm	0.05 mm	0.13 mm	0.13 mm	0.13 mm
16～30	0.05 mm	0.1 mm	0.1 mm	0.05 mm	0.13 mm	0.25 mm	0.13 mm
31～50	0.1 mm	0.6 mm	0.6 mm	0.13 mm	0.13 mm	0.4 mm	0.13 mm
51～100	0.1 mm	0.6 mm	1.5 mm	0.13 mm	0.13 mm	0.5 mm	0.13 mm
101～150	0.2 mm	0.6 mm	3.2 mm	0.4 mm	0.4 mm	0.8 mm	0.4 mm
151～170	0.2 mm	1.25 mm	3.2 mm	0.4 mm	0.4 mm	0.8 mm	0.4 mm
171～250	0.2 mm	1.25 mm	6.4 mm	0.4 mm	0.4 mm	0.8 mm	0.4 mm
251～300	0.2 mm	1.25 mm	12.5 mm	0.4 mm	0.4 mm	0.8 mm	0.8 mm
301～500	0.25 mm	2.5 mm	12.5 mm	0.8 mm	0.8 mm	1.5 mm	0.8 mm
＞500 see not for calc	0.002 5 mm /Volt	0.005 mm /Volt	0.025 mm /Volt	0.003 05 mm /Volt	0.003 05 mm /Volt	0.003 05 mm /Volt	0.003 05 mm /Volt

B1—内层导体；

B2—外层导体，未涂覆，海拔至 3 050 m；

B3—外层导体，未涂覆，海拔至 3 050 m 以上；

B4—外层导体，永久性聚合物涂覆（任何海拔）；

B5—外层导体，永久性敷形涂覆组件（任何海拔）；

B6—外层元件脚/端，未涂覆；

B7—外层元件脚/端，永久性敷形涂覆组件（任何海拔）。

5. 线束的固定(部分)

具体检验图例与结论见附表 6-2。

附表 6-2　线束的固定检验图例与结论

图例	结论
	目标—1，2，3 级。束紧件整齐、紧固，并保持一定间距，使导线固定在紧致、整齐的线束内
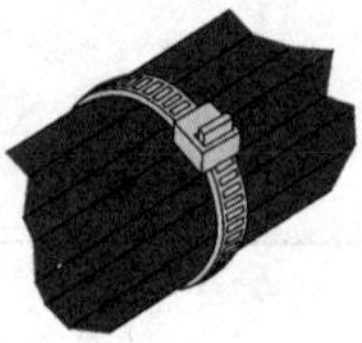	可接受—1，2，3 级。扎带末端要求：扎带末端伸出未超过扎带厚度的 1 倍；割断面与扎带结扣面平行。 导线固定在线束内
	可接受—1，2，3 级。线束分叉时两端都有绑带或扎带。结点绑带或扎带整齐、紧固。导线固定在线束内。用方结、外科医用结或其他认可的打结方法来捆扎
	可接受—1 级； 制程警示—2 级； 缺陷—3 级； 捆绑处的导线处于应力中； 绑带或扎带结点位于套管或标记下方
	1. 松动的结/扣； 2. 捆绑过紧；绑带或扎带切线绝缘； 3. 线束松散； 缺陷—1，2，3 级。 扎带/绑带结点松动。扎带/绑带结点切入绝缘皮。线束松散。绑扎线缆的结不合适。此种结的扎带最终 1、2、3 可能会松开
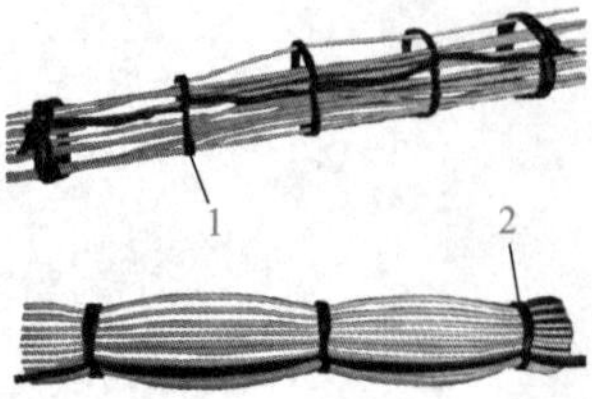	缺陷—1，2，3 级； 连扎松动，致使线束中导线松散 1； 连扎过紧，切入导线绝缘皮 2； 布线-弯曲半径； 弯曲半径是按照导线或线束的内侧弧线测量

208

6. 导线最小曲率半径要求

导线最小曲率半径要求见附表 6-3。

附表 6-3 　最小弯曲半径要求

线缆类型	1 级	2 级	3 级
裸线或涂釉绝缘线	2 倍线径[1]	2 倍线径[1]	2 倍线径[1]
绝缘线和扁平带状线缆	2 倍线径[1]	2 倍线径[1]	2 倍线径[1]
非同轴线缆线束	2 倍线径[1]	2 倍线径[1]	2 倍线径[1]
同轴线缆线束	5 倍线径[1]	5 倍线径[1]	5 倍线径[1]
同轴线缆	5 倍线径[1]	5 倍线径[1]	5 倍线径[1]
以太网 5 类线缆	4 倍线径[1]	4 倍线径[1]	4 倍线径[1]
光纤线缆-有缓冲层和外被的单根光纤	1 in(1 in＝2.54 cm) 或符合制造商的规定	1 in 或符合制造商的规定	1 in 或符合制造商的规定
更大的有外被的光纤	15 倍线缆直径或 符合制造商的规定	15 倍线缆直径或 符合制造商的规定	15 倍线缆直径或 符合制造商的规定
固定式同轴线缆[2]	5 倍线径[1]	5 倍线径[1]	5 倍线径[1]
挠性同轴线缆[3]	10 倍线径[1]	10 倍线径[1]	10 倍线径[1]
非屏蔽线	尚未建立要求		对于≤AWG10 的线，为 3 倍线径 对于＞AWG10 的线，为 5 倍线径
屏蔽线或线缆	尚未建立要求		5 倍线径[1]
半刚性同轴线缆	不小于制造商规定的最小弯曲半径		
线束组件	弯曲半径等于或大于线束内任何单根导线/线缆的最小弯曲半径		

注：1. 线径是指包括绝缘皮在内的导线或线缆的直径。

　　2. 固定式同轴线缆被固定以防止移动，在设备运行期间不期望线缆被反复弯曲。

　　3. 挠性同轴线缆在设备运行时会被弯曲或者可能被弯曲。

7. 焊点的要求

焊点形成的基本过程取决于焊料和基体金属结合面间的润湿作用，也正是基体金属被熔融焊料的物理润湿过程形成了结合界面。焊接连接的润湿角(焊料与元器件可焊端以及焊料与 PCB 的焊盘间)不应当超过 90°(附图 6-1 的 A 和 B)。例外的情况是当焊料轮廓延伸到可焊端边缘或阻焊剂时润湿角可以超过 90°(附图 6-1 中的 C 和 D)。

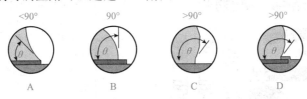

附图 6-1 　焊点浸润角

(1)润湿角与润湿程度间的关系：

1)$\theta=180°$，完全不润湿；

2)$180°>\theta\geqslant90°$，缺乏润湿亲和力；

3)$90°>\theta>M°$，临界润湿状态，通常取$M\leqslant75°$；

4)$\theta<M°$，良好润湿状态；

5)$\theta=0$，完全润湿。

(2)影响润湿效果的主要因素：

1)表面均匀性：焊盘的形状、元件脚形状等；

2)局部污染：金属氧化物、硫化物、非金属杂质、气体等；

3)焊接时间：合理加长焊接时间可以提高润湿效果；

4)助焊剂：主要体现在清洗污染表面及表面自由能量；

5)焊料：焊料的不同直接决定润湿的程度；

6)表面粗糙度：粗糙表面的沟纹形成毛细管作用；

7)焊接温度：润湿速度随温度的升高而增加；

8)其他：熔融焊料的静压、焊料的内聚力等。

8. 元器件的安放方向

检查通常先由电子组件整体外观开始，然后跟踪每一个元器件、导线到它的连接处，集中检查引线进入连接、连接本身以及引线、导线尾端离开连接的情况。各焊盘上导线、引线伸出的情况应留到最后，可以将板子翻转后和所有焊点一起检查。元件安装方向正确检查见附表6-4。

附表6-4　元件安装方向检查

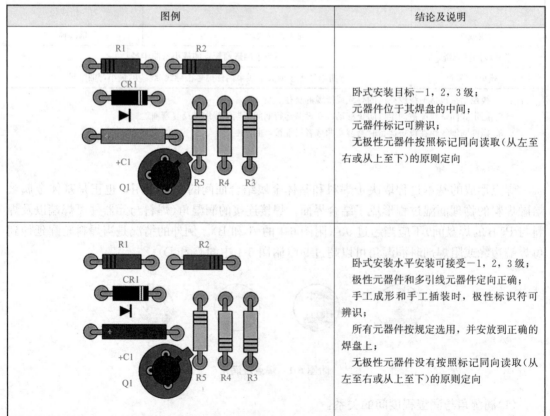

图例	结论及说明
	卧式安装目标－1，2，3级； 元器件位于其焊盘的中间； 元器件标记可辨识； 无极性元器件按照标记同向读取（从左至右或从上至下）的原则定向
	卧式安装水平安装可接受－1，2，3级； 极性元器件和多引线元器件定向正确； 手工成形和手工插装时，极性标识符可辨识； 所有元器件按规定选用，并安放到正确的焊盘上； 无极性元器件没有按照标记同向读取（从左至右或从上至下）的原则定向

图例	结论及说明
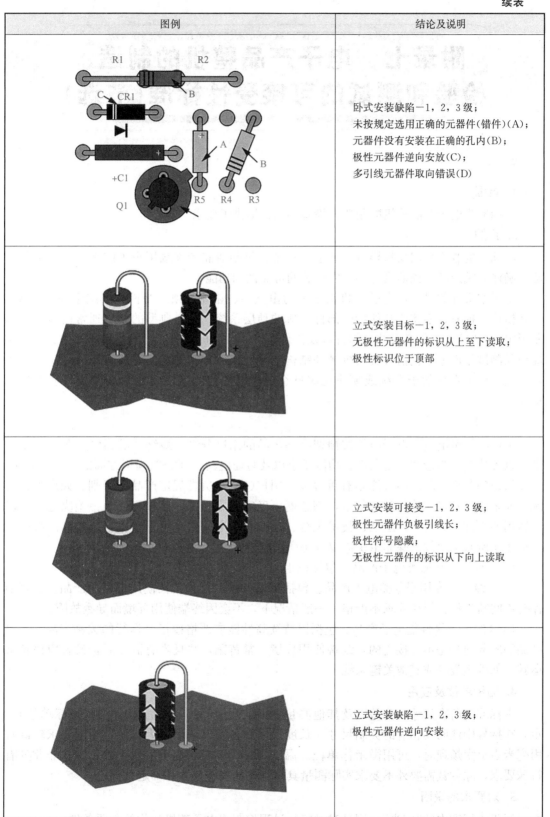	卧式安装缺陷—1，2，3级； 未按规定选用正确的元器件（错件）（A）； 元器件没有安装在正确的孔内（B）； 极性元器件逆向安放（C）； 多引线元器件取向错误（D）
	立式安装目标—1，2，3级； 无极性元器件的标识从上至下读取； 极性标识位于顶部
	立式安装可接受—1，2，3级； 极性元器件负极引线长； 极性符号隐藏； 无极性元器件的标识从下向上读取
	立式安装缺陷—1，2，3级； 极性元器件逆向安装

附录七 电子产品整机的制造、检验和测试的可接受性标准(节选)

1. 范围

本标准为电子产品整机的制造、检验和测试提供了要求。

2. 目的

本标准的制定是用来指导电气和电子设备整机制造商和终端用户了解满足要求最佳做法，确保终端产品在预期设计寿命内组装的可靠性和功能。

出于本文件的目的，电子整机被定义为由支架、箱体、顶层组件、高层组件(HLA)、功能模块、抽屉、柜体或其他特定部件组成的顶层系统。一个典型的整机通常由组合的印制板组件(PBAS)、线缆及线束组件以及其他电子和(或)机械部件组成，且通常作为一个功能单元测试。该整机包括必要的机械和结构建零件以保护和安装组件成为成品系统。整机往往是由更大系统的子系统或模块化组件组成，设计目的是便于在终端使用环境下快速更换。

3. 分级

本标准认可电气和电子组件按预期终端产品的用途分级。最终产品通常被分为三个级别，以反映在可制造性、复杂性、功能要求以及验证(检验、测试)频率方面的不同。同时，应该认识到各级产品之间可能是有重叠的。用户(客户)负责规定产品的级别。如果用户与制造商未建立和未文档化验收级别，制造商可确定验收级别。接收和(或)拒绝决定应当基于适用的文件，如合同、图纸、技术规范、标准和参考文件。用于整机组装产品的级别应当适用于所有子组件，除非由供需双方协商确定。

(1)1级——普通类电子产品。包括以组制功能完整为主要要求的产品。

(2)2级——专用服务类电子产品。包括要求持续运行和较长使用寿命的产品，最好能保持不间断工作，但该要求不严格，一般情况下，不会因终端使用环境而导致故障。

(3)3级——高性能电子产品。包括以持续高性能或严格按指令运行的关键产品。这类产品的服务间断是不可接受的，终端使用环境异常苛刻，并且当有需要时，设备应该正常运转，如救生设备或其他关键系统。

4. 测量单位及应用

本标准的所有尺寸、公差以及其他测量(如温度、质量等单位均以公制(国际单位)表示，在括号中注明其相应的英制尺寸。长度尺寸和公差以毫米作为单位，精度要求较高且用毫米表示太烦琐时，可用微米作单位。温度用摄氏度表示。质量用克表示。除非此处有特殊要求，除仲裁需要外不要求实际测量具体部件的安装尺寸和确定百分比。

5. 对要求的说明

用于本标准中的"应当"一词是对材料、过程控制或电子整机验收的必要条件。

在本标准中使用"应当"一词时，表明如不符合要求，至少会导致某一级产品产生硬件缺陷。在"应当"要求后面的方括号中列出了对每级产品的要求。

N＝尚未对此级建立要求；A＝可接受；P＝制程警示；D＝缺陷。

"应当"一词反映了推荐性规定，仅用于反映作为指南的、业界普遍采用的惯例和程序。

示意图和插图用于帮助解释本标准所述的文字要求。文字总是优先于图表。IPC-HD-BK－630是本标准的配套文件，由IPC技术委员会编写，包含了与本标准有关的说明和指导性信息。

6. 非通用或特殊设计

IPC-A－630作为一份业界一致公认的标准，无法涵盖所有可能的元器件与产品设计组合情况。然而，该标准提供了常用技术要求。当采用非通用或特殊设计时，可能有必要开发独特的验收要求。独特要求的开发应该有用户参与。验收要求应当经用户同意，此处规定的特殊制程和(或)技术应当与可供审查的文档化程序一致。

7. 优先顺序

出现冲突时按以下优先顺序。对于本标准要求中的例外[DID2D3]，由供需双方协商确定(AABUS)。

(1)合同；(2)工程图纸；(3)规范；(4)其他参考规范。

8. 验收要求

所有产品应当符合组装图纸/文件以及此处规定的适用产品级别的要求。

制造商应当进行100％检验，除非抽样检验被确定为用户同意的文档化制程控制方案的一部分。

9. 检验条件

对于本文件的每个章节，每个产品级别的目标、可接受及缺陷条件都被列出。如有需要，也要列出制程警示。检验者不应当确定在检组件的产品级别。应当为检验者提供在检组件适用级别的说明文件。

10. 目标

一种近乎完美(过去曾用"优选")的情况。然而这是一种理想状态，并非总能达到，且对于保证组件在其运行环境下的可靠性并非必要条件。

11. 可接受

可接受指组件不必完美但要在其服务环境下保持完整性和可靠性的条件。

12. 制程警示

制程警示(非缺陷)是指没有影响产品的"外形、装配、功能或可靠性"的情况。

(1)由于材料、设计和(或)操作人员或机器设备等相关因素引起的既不能完全满足验收标准又不是缺陷的产品。

(2)应该将制程警示纳入过程控制系统而对其实施监控。当制程警示的数量表明制程发生异常波动或预示制程向着不理想的趋势变化时，又或显示制程(或接近)失控的其他状况时，应当[NIN2D3]对制程进行分析，并因此可能需要采取措施以减少波动，提高产能。

(3)不要求对于单一性的制程警示进行处置，受影响的产品应该照常使用。

(4)本标准未列出所有制程警示。

(5)制造商有责任识别出细装工艺流程中特有的制程警示。

附录八　工艺指导书

开关电源插件工艺指导书(节选)

型号：TC5160-POW

TC2.932.027

营口天成消防设备有限公司

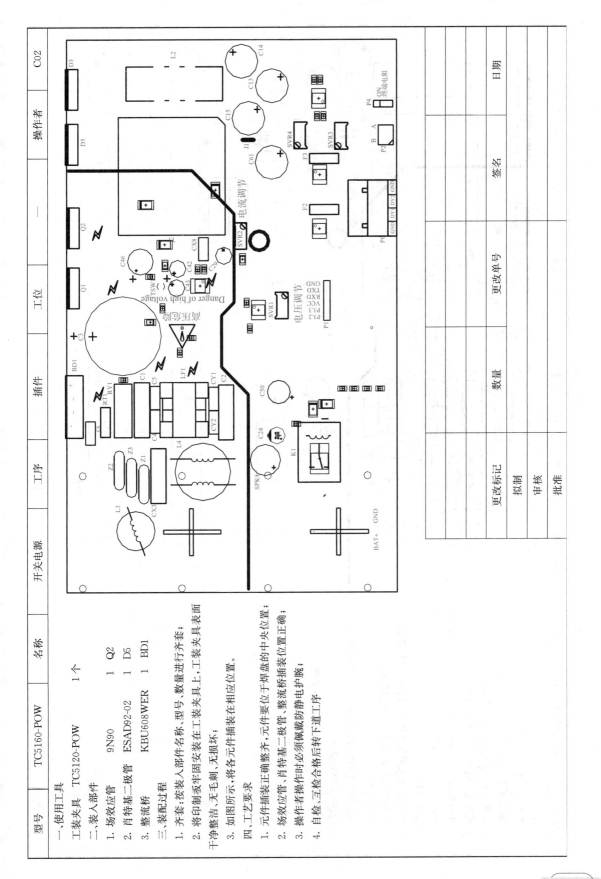

开关电源 | 工序 | 插件 | 工位 | 一 | 操作者 | C02

型号 TC5160-POW　名称

一、使用工具

工装夹具　TC5120-POW　1个

二、装入部件

1. 场效应管　9N90　1　Q2
2. 肖特基二极管　ESAD92-02　1　D5
3. 整流桥　KBU608WER　1　BD1

三、装配过程

1. 齐套：按装入部件名称、型号、数量进行齐套；
2. 将印刷板牢固安装在工装夹具上，工装夹具表面干净整洁、无毛刺、无损坏。
3. 如图所示，将各元件插装在相应位置。

四、工艺要求

1. 元件插装正确整齐、元件要位于焊盘的中央位置；
2. 场效应管、肖特基二极管、整流桥插装位置正确；
3. 操作者操作时必须戴防静电护腕；
4. 自检、互检合格后转下道工序

更改标记	数量	更改单号	签名	日期
拟制				
审核				
批准				

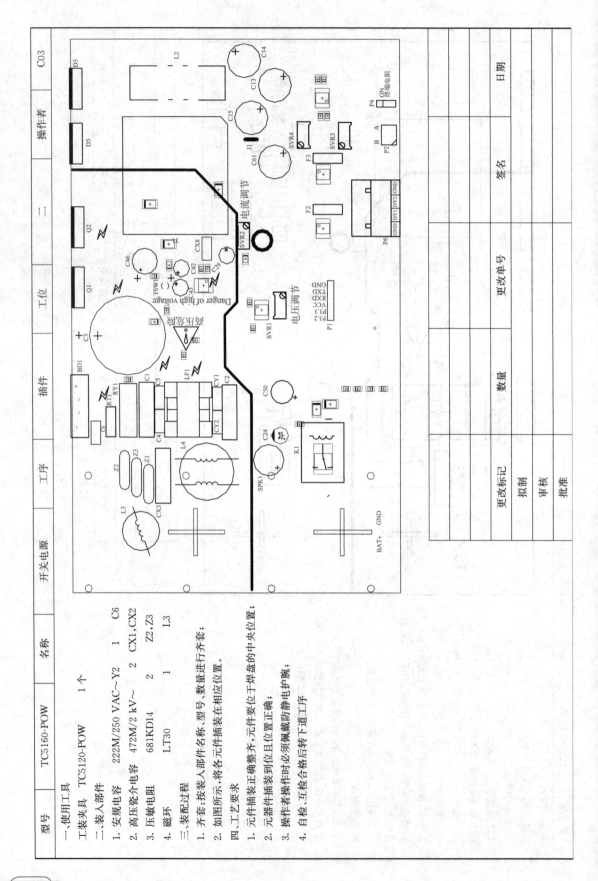

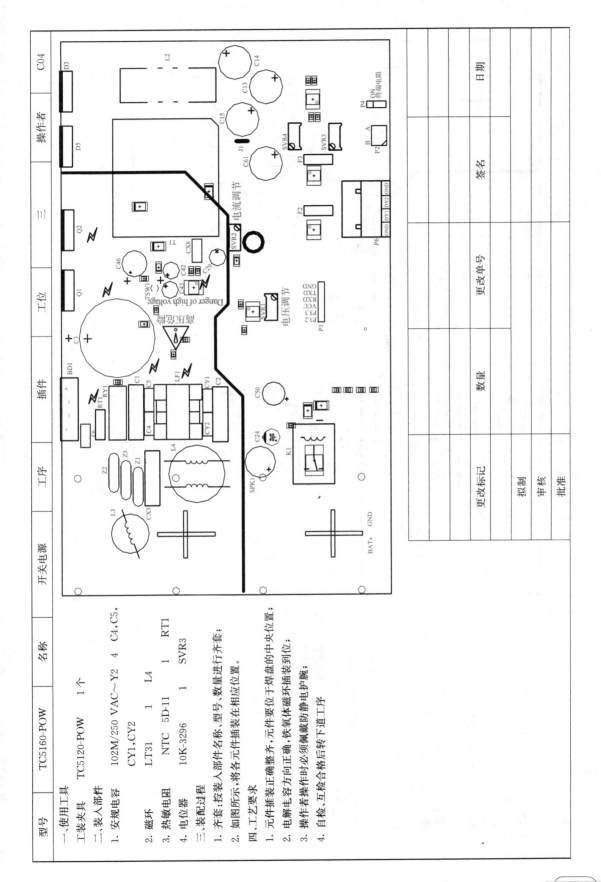

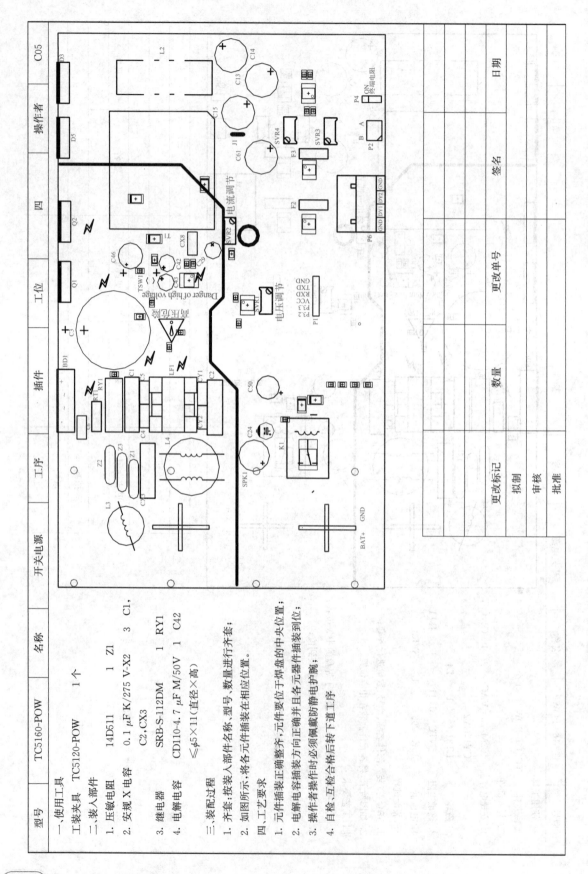

型号	TC5160-POW	名称	开关电源	工序	工位	插件	四	操作者	C05

一、使用工具

工装夹具 TC5120-POW　　1 个

二、装入部件

1. 压敏电阻　　14D511　　1　Z1

2. 安规 X 电容　0.1 μF K/275 V-X2　3　C1、C2、CX3

3. 继电器　　SRB-S-112DM　　1　RY1

4. 电解电容　CD110-4. 7 μF M/50V　1　C42
　　≤φ5×11（直径×高）

三、装配过程

1. 齐套：按装入部件名称、型号、数量进行齐套；

2. 如图所示，将各元件插装在相应位置。

四、工艺要求

1. 元件插装正确整齐，元件要对于焊盘的中央位置；

2. 电解电容插装方向正确并且各元器件插装到位；

3. 操作者操作时必须佩戴防静电护腕；

4. 自检、互检合格后转下道工序。

更改标记	数量	更改单号	签名	日期
拟制				
审核				
批准				

218

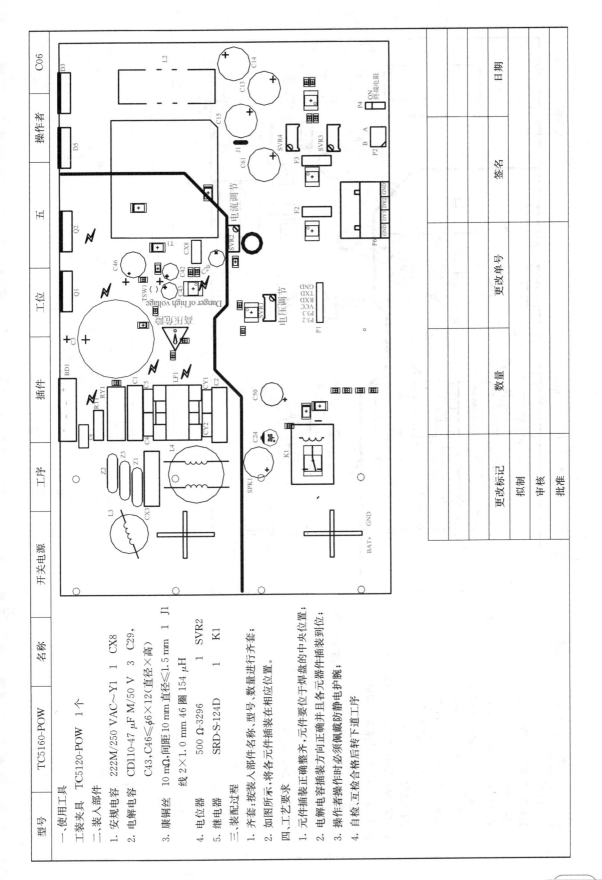

开关电源 工序 插件 工位 五 操作者 C06

型号	TC5160-POW	名称

一、使用工具
工装夹具 TC5120-POW 1个

二、装入部件
1. 安规电容 222M/250 VAC~Y1 1 CX8
2. 电解电容 CD110-47 μF M/50 V 3 C29,
　　C43,C46≤φ6×12(直径×高)
3. 康铜丝 10 mΩ,间距 10 mm 直径≤1.5 mm 1 J1
　　线 2×1.0 mm 46 圈 154 μH
4. 电位器 500 Ω-3296 1 SVR2
5. 继电器 SRD-S-124D 1 K1

三、装配过程
1. 齐套:按装入部件名称、型号、数量进行齐套;
2. 如图所示,将各元件插装在相应位置。

四、工艺要求
1. 元件插装正确整齐,元件要位于焊盘的中央位置;
2. 电解电容插装方向正确并且各元器件插装到位;
3. 操作者操作时必须戴防静电护腕;
4. 自检、互检合格后转下道工序。

更改标记	数量	更改单号			签名	日期
拟制						
审核						
批准						

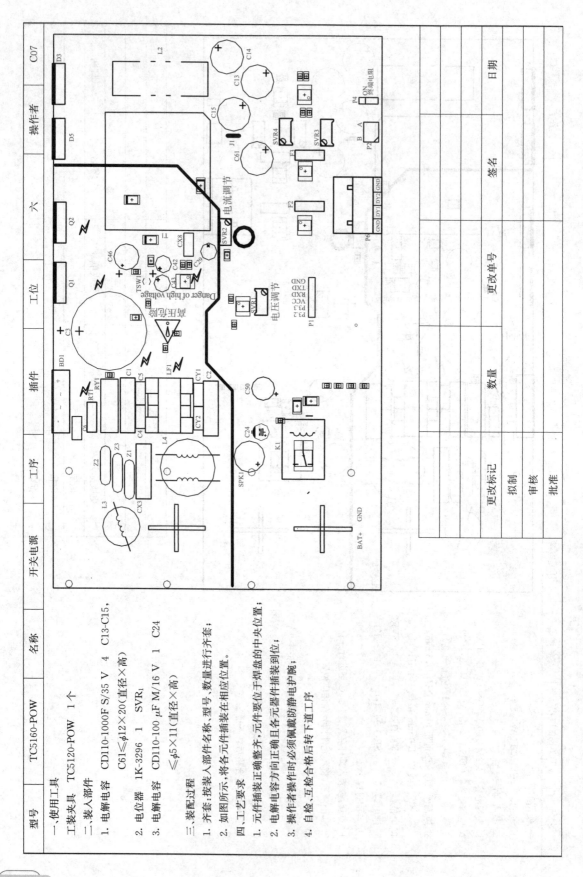

型号　TC5160-POW

一、使用工具
　工装夹具　TC5120-POW　1个
二、装入部件
1. 电解电容　CD110-1000F S/35 V　4　C13-C15,
　C61≤φ12×20(直径×高)
2. 电位器　1K-3296　1　SVR₁
3. 电解电容　CD110-100 μF M/16 V　1　C24
　≤φ5×11(直径×高)
三、装配过程
　齐套:按装入部件名称、型号、数量进行齐套;
　如图所示,将各元件捕装在相应位置。
四、工艺要求
1. 元件插装正确整齐,元件要坐于焊盘的中央位置;
2. 电解插装正确且各元器件捕装到位;
3. 操作者操作时必须佩戴防静电护腕;
4. 自检、互检合格后转下道工序。

开关电源　名称　工序　插件　工位　六　操作者　C07

更改标记	数量	更改单号	签名	日期
拟制				
审核				
批准				

220

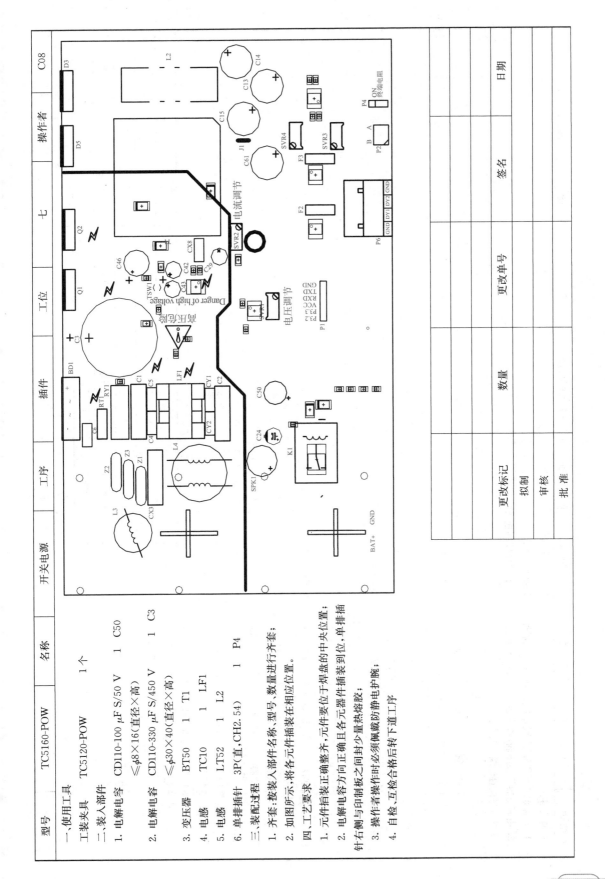

型号	名称	开关电源	工序	带元件印制板	工位	板检查	操作者
TC5160-POW							

检验内容：

1. 带标识的元器件标识朝向一致，同一种元器件插装高度要一致；
2. 电解电容极性正确，变压器连接器、条形连接器、变压器插装方向正确且紧贴印制板底端。

认真填写检验记录。其中：

插件一：
1. 场效应管 9N90 1 Q2
2. 肖特基二极管 ESAD92-02 1 D5
3. 整流桥 KBU608WER 1 BD1

插件二：
1. 安规电容 222M/250 VAC~Y2 1 C6
2. 高压瓷介电容 472M/2 kV~ 2 CX1,CX2
3. 压敏电阻 681KD14 2 Z2,Z3
4. 磁环 LT30 1 L3

插件三：
1. 安规电容 102M/250 VAC~Y2 4 C4,C5,CY1,CY2
2. 磁环 LT31 1 L4
3. 热敏电阻 NTC 5D-11 1 RT1
4. 电位器 10K-3296 1 SVR3

插件四：
1. 压敏电阻 14D511 1 Z1
2. 安规X电容 0.1 μF K/275 V~X2 3 C1,C2,CX3
3. 继电器 SRB-S-112DM 1 RY1
4. 电解电容 CD110-4.7 μF M/50 V 1 C42
   ≤φ5×11(直径×高)

更改标记	数量	更改单号	
拟制		签名	日期
审核			
批准			

型号	名称	开关电源	工序	带元件印制板	工位	板检查	操作者	C10
TC5160-POW								

插件五:
1. 安规电容　222M/250 VAC～Y1　1　CX8
2. 电解电容　CD110-47 μF M/50 V　3　C29,C43,C46
　　≤φ6×12(直径×高)
3. 康铜丝　10 mΩ,间距10 mm 直径≤1.5 mm　1　J1
4. 电位器　500 Ω-3 296　1　SVR2
5. 继电器　SRD-S-124D　1　K1

插件六:
1. 电解电容　CD110-1000 F S/35 V　4　C13-C15,C61
　　≤φ12×20(直径×高)
2. 电位器　1 K-3296　1　SVR₁
3. 电解电容　CD110-100 μF M/16 V　1　C24
　　≤φ5×11(直径×高)

插件七:
1. 电解电容　CD110-100 μF S/50 V　1　C50
　　≤φ8×16(直径×高)
2. 电解电容　CD110-330 μF S/450 V　1　C3
　　≤φ30×40(直径×高)
3. 变压器　BT50　1　T1
4. 电感　TC10　1　LF1
5. 电感　LT52　1　L2
6. 单排插针　3P(直,CH2.54)　1　P4

更改标记	数量	更改单号	签名	日期
拟制				
审核				
批准				

型号	名称	开关电源	工序	带元件印制板	工位	准备	操作者	C11
TC5160-POW	FS1							

一、使用工具

调温电烙铁 一把

二、装入部件

1. 保险丝座 PTF-77(绿色) 1
2. 保险丝 3 A 1
3. 单芯铜导线 红,1.0 mm²,25 mm
4. 单排插针 3P(直,CH2.54) 1
5. 跳线器 373.99 1

三、装配过程

1. 齐套:按装入部件名称、型号、数量进行齐套;
2. 将保险丝工整安装于保险丝座里;
3. 准备要求规格单芯铜导线长度单面端目两端脱头 4 mm;
4. 跳线器按图示 1 位置安装。

四、工艺要求

1. 跳线器安装正确;
2. 操作者操作时必须佩戴防静电护腕;
3. 自检、互检合格后转下道工序

图示 1 单排插针

更改标记	数量	更改单号	签名	日期
拟制				
审核				
批准				

型号	名称	工序	补件	工位	二	操作者	C12
TC5160-POW	开关电源						

一、使用工具

调温电烙铁　一把

二、装入部件

1. 单芯铜导线　红,1.0 mm²,25 mm　1　P2
2. 条形连接器　XH2.54-2P(直)　1　FS1
3. 保险丝座　PTF-77(绿色)　1
4. 发光二极管　φ3,绿发绿高亮　2　LED1,D23
5. 发光二极管　φ3,黄发黄高亮　1　LED2
6. 开关　KCD1　2　S1,S2
7. 接线端子　KF48 300 V/20 A　1　J2
3. 电源显示面板　TC8.081.156　1

三、装配过程

1. 齐套:按装入部件名称、型号、数量进行齐套;
2. 按图1要求将单芯铜导线短接于印制板上;
3. 如图2将连接端子焊接在印制板片元件面;
4. 电源显示面板安装在印制板上,发光二极管穿过电源显示面板灯孔,电源显示面板固定后开关穿过电源显示面板并在印制板另一面焊接。

四、工艺要求

1. 元器件装配齐全正确,接线端子、开关、保险丝发光二极管焊接到位;
2. 发光二极管在贴片元件一面,发光二极管顶端距离板面9 mm,保险丝座焊接时应正方向朝向发光二极管;
3. 如图3、图4、图5将磁环底端及C3电容底端封适量白胶;
4. 操作者操作时必须佩戴防静电护腕;
5. 自检、互检合格后转下道工序

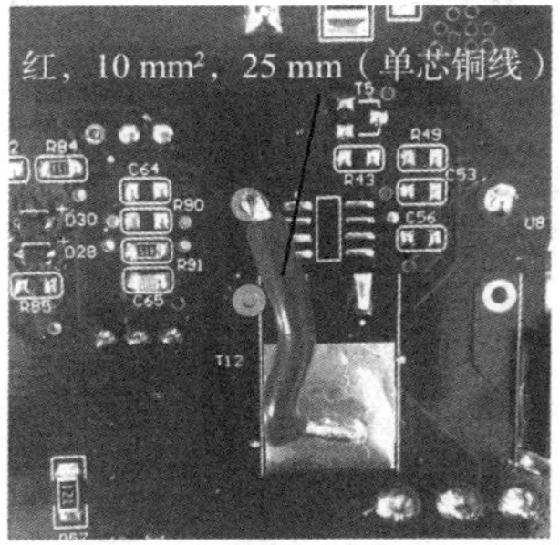

红,10 mm²,25 mm(单芯铜线)

图1　单芯铜导线短接与印制板板位置图

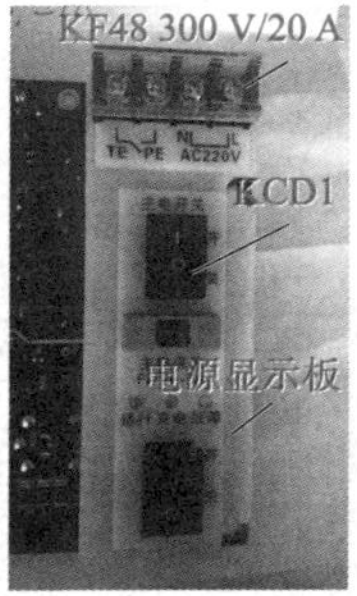

KF48 300 V/20 A

图2　开关面板

白胶(适量)

图3　涂白胶位置图1

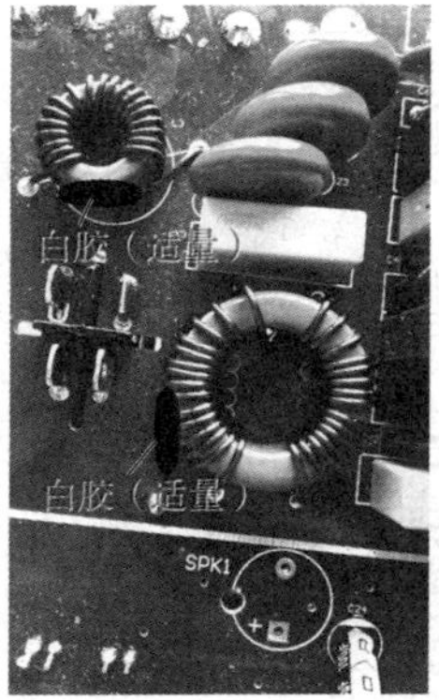

白胶　白胶(适量)

图4　涂白胶位置图2

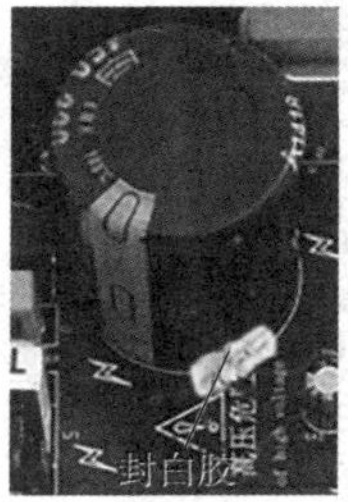

图5　涂白胶位置图3

更改标记	数量	更改单号	签名	日期
拟制				
审核				
批准				

参 考 文 献

[1] 康华光. 电子技术基础：模拟部分[M]. 5 版. 北京：高等教育出版社，2008.

[2] 唐静. 模拟电子技术项目教程[M]. 北京：北京理工大学出版社，2017.

[3] 张园，于宝明. 模拟电子技术[M]. 北京：高等教育出版社，2017.

[4] 张静秋. 基于集成运算放大器的加减法运算电路的分析与设计[J]. 电子制作，2017 (9)：5-7＋43.

[5] 李广兴，雷志坤. 有源滤波器的设计与制作[J]. 中国科技博览，2013(25)：240-241.

[6] 王睿. 无线通信网络技术与应用——蓝牙技术[J]. 信息记录材料，2020，21（6）：215-216.

[7] 曾佳，吴志荣. 模拟电子技术与实践[M]. 北京：高等教育出版社，2017.

[8] 张鹏. 模拟电子技术[M]. 北京：高等教育出版社，2018.

[9] 周淑千，陈铁兵. 集成电路产业发展现状与趋势展望[J]. 新材料产业，2019(10)：8-12.

[10] 冯黎，朱雷. 中国集成电路材料产业发展现状分析[J]. 功能材料与器件学报，2020，26(3)：191-196.